战祥乐　赵战峰　著

数控编程基础应用教程
（基于德国标准）

U0284415

化学工业出版社

·北京·

图书在版编目（CIP）数据

数控编程基础应用教程：基于德国标准/战祥乐，赵战峰著. —北京：化学工业出版社，2015.9
ISBN 978-7-122-24660-8

Ⅰ.①数… Ⅱ.①战… ②赵… Ⅲ.①数控机床-程序设计-教材 Ⅳ.①TG659

中国版本图书馆 CIP 数据核字（2015）第 151880 号

责任编辑：贾　娜　　　　　　　　　文字编辑：张绪瑞
责任校对：吴　静　　　　　　　　　装帧设计：刘丽华

出版发行：化学工业出版社（北京市东城区青年湖南街 13 号　邮政编码 100011）
印　　装：北京虎彩文化传播有限公司
787mm×1092mm　1/16　印张 12½　字数 190 千字　2015 年 11 月北京第 1 版第 1 次印刷

购书咨询：010-64518888　　　　　　售后服务：010-64518899
网　　址：http://www.cip.com.cn
凡购买本书，如有缺损质量问题，本社销售中心负责调换。

定　　价：49.00 元

　　广东是职业教育大省，具备良好的职业教育发展环境和氛围。近年来，广东适应经济发展方式转变和产业转型升级的要求，稳步推进现代职业教育建设，取得明显成效。现代职业教育是构建现代产业体系的重要支撑，产业转型升级的成败取决于对先进技术的自主创新能力和应用开发能力，取决于是否拥有一大批具备对先进技术自主创新能力和应用开发能力的高素质技术技能人才。为此，广东省委省政府提出了构建现代职业教育体系的战略目标。为实现这一战略目标，必须加快职业教育的国际化，学习借鉴国际先进的职业教育理念和方式，引进吸收国际先进技术、标准，深化教育教学改革，培养产业转型升级迫切需要的高素质技术技能人才。2010 年 6 月，粤德高层互访后，广东省领导强调广东要与德国加强"双向交流"，加快引进德国先进技术，助推广东省产业转型升级。此后，广东省在职业教育领域更加注重与德国同行的交流与合作，开展了一系列卓有成效的活动，把重心放在引进德国先进技术标准上，以适应广东省先进制造业的发展需要。

　　德国数控标准采用的是 DIN 66025，是整个欧盟国家普遍采用的数控标准。近年来，广东轻工职业技术学院战祥乐老师及其团队在繁忙的教学工作之余，对这一标准作了深入研究，形成了《数控编程基础应用教程（基于德国标准）》、《数控编程高级应用教程（基于德国标准）》、《数控编程工作任务（基于德国标准）》系列图书。该系列图书以图解和项目的形式全面讲解了德国标准 DIN 66025 的内涵，引进了德国近年来在数控技术职业教育方面的成功经验，结合目前广东省职业院校比较普遍使用的 FANUC 数控系统，以编程对比的形式进行了详细的阐述。该系列图书内容全面，涵盖了数控车、数控铣、车铣复合、3＋2 轴编程，全面讲解了 DIN 66025 的通用编程方法，也专门讲述了 FANUC、SINUMERIK、HEIDENHAIN 数控系统的编程。该系列图书分基础编程、高级编程，同时配有德国标准 DIN 66025 工作任务，基础应用教程和高级应用教程形成梯次递进的体系，有助于全面提高学生的数控编程能力。

　　据本人所知，该系列图书是我国首套全面讲解德国数控编程标准的专业书籍，为广东省职业教育引进德国先进标准迈出了可贵的第一步，是粤德职业教育合作和现代职业教育教学改革的重要成果。相信随着该系列图书的出版，将有力地推动广东省数控技术专业职业教育，进一步提升教学水平和人才培养质量。

魏中林

2015 年 5 月

随着经济结构调整、产业转型升级的深入，广东省积极借鉴欧盟国家特别是德国在自主创新、培养和使用人才等方面的经验与做法，引进更多的德资企业，加强双向交流合作，推动经济发展。因此，广东省与德国的合作呈不断上升的趋势。

广东省作为国家高技能人才培养的先进地区，在我国率先以数控技术专业为试点，制定实施职业教育等级证书制度。在该制度的制定实施过程中，充分参考德国先进的职业教育理念、标准和资源，积极探索国际合作培养高端技能人才的路径。这样既有助于提高广东省职业教育的整体教学水平，又可以引发我们对现有教育模式的反思，改变现有的不适应新形势的旧观念和做法，促进职业教育的教学改革。德国标准 DIN 66025 是国际上最先进的数控标准之一，编写本书的目的在于将其引入我国高职、中职学校数控技术专业的教学中。同时，有利于培养实用型高技能人才，提高数控技术专业教师的教学能力。

数控 PAL（prüfungsaufgaben und lehrmittelentwicklungsstelle）是德国工商会 DIHK（Deutscher Industrie-und Handelskammertag）应用数控标准 DIN 66025 进行数控编程教学及考核的简称。本书通过图解的形式全面介绍了数控标准 DIN 66025 的编程指令，以项目的形式全面讲解数控车、数控铣编程基础，并对数控车、数控铣编程进行专项训练。同时，将 PAL 数控编程与 SINUMER-IK、HEIDENHAIN、FANUC、HNC、GSK 数控编程进行对比，从而使读者更容易掌握与过渡。

本书所有项目通过德国 KELLER 软件的验证，所有编程项目通过机床实际加工验证。

本书由广东轻工职业技术学院战祥乐、赵战峰著。特别感谢德国 Keller SYMplus CNC 公司、Chinawindow 公司及德国工商会上海分会 AHK（Deutsche Auslandshandelskammern）对本书提供的帮助与支持。感谢广东省教育厅魏中林副厅长为本书的出版作序，感谢广东省教育厅吴念香调研员为本书提出的大量指导性建议。

由于著者的水平所限，不足之处在所难免，请广大读者斧正。

著者

2015 年 5 月

参 考 文 献

第一章

图解德国数控标准指令

本章以图例的形式全面讲解德国数控标准 DIN 66025 的编程指令，通过本章的学习初步掌握数控编程指令。在"数控程序"中列出的数控程序可能含有第二、四章的内容，如果不能理解，请在学习后面的相关章节后再仔细阅读，但必须理解本标题所列出的指令。

第一节 图解数控车削编程指令

1. G1 直线插补

图 例	数控程序
（1）绝对坐标指令 G90 与增量坐标 XI、ZI	
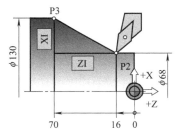	N10… N15 G90 N20… N25 G1 X68 Z—16；P2 N30 G1 XI62 ZI—54；P3 N35…
（2）绝对坐标 XA、ZA 与增量坐标指令 G91	
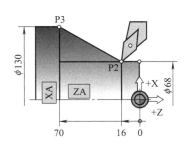	N10… N15 G91 N20… N25 G1 X68 Z—16；P2 N30 G1 XA130 ZA—70；P3 N35…

续表

图　例	数控程序

（3）角度 AS 与 X 坐标

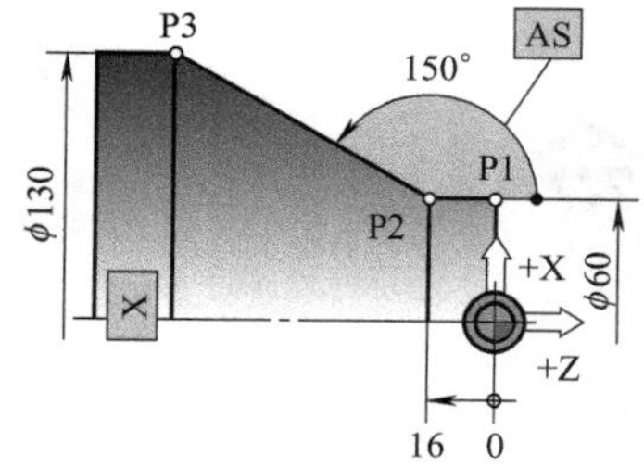

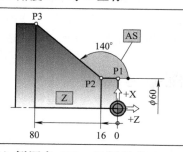

N10···

N15

N20···

N25 G1 X60 Z－16；P2

N30 AS150 X130；P3

N35···

（4）角度 AS 与 Z 坐标

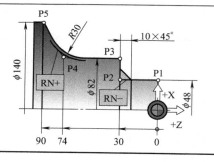

N10···

N15 G90

N20···

N25 G1 X60 Z－16；P2

N30 G1 AS140 Z－80；P3

N35···

（5）倒圆角 RN+ 与倒斜角 RN-（RN＋与 RN－提供二维轮廓间的过渡功能）

N10···

N15 G90

N20 G0 X48 Z0；P1

N25 G1 Z－30 RN－10；P2

N30 G1 X82；P3

N35 G1 Z－74 RN＋30；P4

N40 G1 X140 Z－90；P5

2. G2、G3 圆弧插补

图　例	数控程序

（1）圆心绝对坐标的圆弧插补

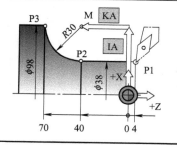

N10 ···

N15 G90

N20 G0 X38 Z4；P1

N25 G1 Z－40；P2

N30 G2 X98 Z－70 IA98 KA－40；P3

N35 ···

续表

图　例	数控程序

（2）半径 R、扇形角 AO 编程及多方案的选择（半径 R 或扇形角 AO 可能会出现多个方案的圆弧，可以使用 O、H 及 R 的＋、－进行选择）

① 使用 R 及 O 选择圆弧

<table>
<tr>
<td>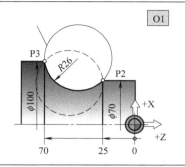</td>
<td>

N10 …

N15 G90

N20…

N25 G1 X70 Z－25;P2

N30 G2 X100 Z－70 R26 O1;P3

N30 G2 X100 Z－70 R＋26;P3

</td>
</tr>
</table>

② 使用 AO 及 H 选择圆弧

<table>
<tr>
<td>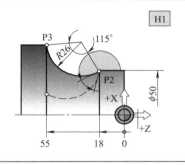</td>
<td>

N10 …

N15 G90

N20…

N25 G1 X50 Z－18;P2

N30 G2 Z－55 R26 AO115 H1;P3

</td>
</tr>
</table>

（3）轮廓编程（使用 G61、G62、G63 可以方便地定义车削轮廓）

<table>
<tr>
<td>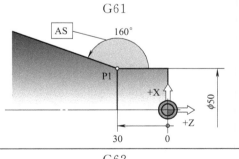</td>
<td>

N15 G1 X50 Z－30;P1

N20 G61 AS160

</td>
</tr>
<tr>
<td>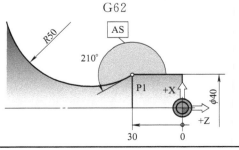</td>
<td>

N15 G1 X40 Z－30;P1

N20 G62 AS210 R50

</td>
</tr>
</table>

续表

图　例	数控程序
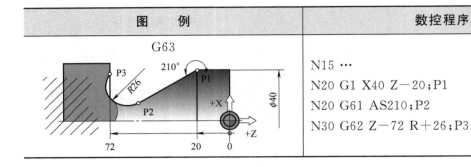	N15 … N20 G1 X40 Z−20;P1 N20 G61 AS210;P2 N30 G62 Z−72 R+26;P3

3. 循环指令

（1）G22 子程序调用

格式	图例	程　序	
G22 L［H］［/］ 必选地址： L:子程序地址 可选地址： H：重复次数	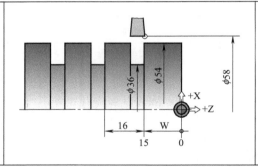	主程序 N10 G90.. N15 F..S..M4 N20 G0 X42 Z6;P1 N25 G22 L911 H2 N30.. N35.. N150 M30	子程序 N10 G91 N15 G0 Z−16 N20 G1 X−12 N25 G1 X12 N30 G0 Z−6 N35 G1 X−12 N40 G1 X12 N45 M17

（2）G23 程序部分重复

格式	图例	程序
G23 N N［H］ 必选地址： N：起始程序段号 N：结束程序段号 可选地址： H：重复次数	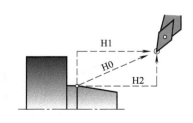	N10 .. N15 G0 X58 Z−15 M4 N20 G91 N20 G1 X−22 N25 G1 X22 N30 G0 Z−16 N35 G90 N40 G23 N20 N35 H2

（3）G14 返回换刀点

G14 ［H］

可选地址：

H0:所有轴同时返回换刀点

H1:X 轴先返回换刀点，Z 轴再返回换刀点

H2:Z 轴先返回换刀点，X 轴再返回换刀点

续表

格式	图例及程序

（4）G84钻孔循环

G84 ZI/ZA [D] [V] [VB] [DR]
[DM] [DA] [R] [U] [O] [FR]
[E]
必选地址：
ZI：钻孔的深度，相对当前刀具位置
ZA：钻孔的绝对深度
可选地址：
D：啄孔深度
V：安全距离
VB：断屑退刀距离
DR：两次钻孔深度间的减少值
DM：最小钻孔深度
DA：第一刀钻孔深度
R：退出距离
U：停留
O：停留方式（O1：停留多少秒；
O2：停留多少转）
FR：快速移动的百分比
E：进给速度

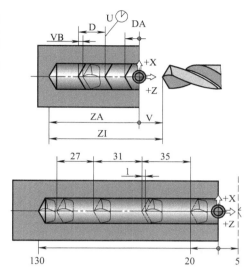

N10 G90
N15 G84 Z－130 D30 V5 VB1 DR4 U0.5
N20 ..

（5）G32攻螺纹循环

G32 Z/ZI/ZA F
必选地址：
Z，ZI，ZA：螺纹终点的 Z 值
ZI：增量深度
ZA：绝对深度
F：导程

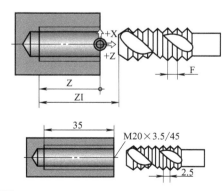

N10 G90
N15 G32 Z－35 F2,5 S.. M..

格式	图例及程序

（6）G31 车螺纹循环

G31　Z/ZI/ZA　X/XI/XA　F　D
[ZS]　[XS]　[DA]　[DU]　[Q]
[O]　[H]

必选地址：

Z，ZI，ZA：螺纹终点的 Z 值，增量/绝对坐标

X，XI，ZI：螺纹终点的 X 值，增量/绝对坐标

F：导程

D：总深度

可选地址：

ZS：螺纹起始点的绝对 Z 值

XS：螺纹起始点的绝对 X 值

DA：导入

DU：导出

Q：切削次数

O：空转数

H：选择切削方式

H1：无偏移

H2：从左侧进刀

H3：从右侧进刀

H4：两侧交替进量

H11：无偏移的径向留余量

H12：从左侧进刀的径向留余量

H13：从右侧进刀的径向留余量

H14：两侧交替进刀的径向留余量

余量为：1/2，1/4，1/8 ×D

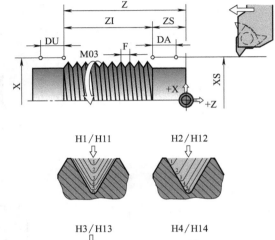

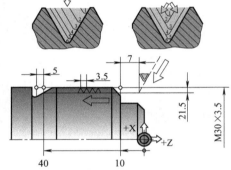

N10 G90
N15 G31 Z－40 X30 F3.5 D2.15 ZS－10 XS30 Q12 O13 H14
N20 ..

（7）G81 轴向粗车循环、G82 端面粗车循环

G81/G82　D[H1/H2/H3/H24]

或

G81/G82　H4　[AK]　[AZ]　[AX]
[AE]
[O]　[Q]　[V]　[E]

必选地址：

D：切削层深度

可选地址：

H1：仅粗加工，在 45°方向退刀

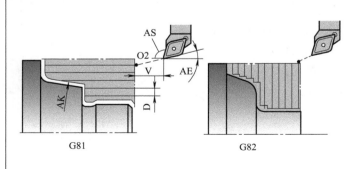

续表

格式	图例及程序
H2：沿着轮廓逐层平行切削 H3：用 H1 的方法加工，再附加 轮廓刀路 H4：精加工轮廓 H24：先用 H2 粗加工，再精加工 AK：平行于轮廓的加工余量 AZ：平行于 Z 轴的加工余量 AX：平行于 X 轴的加工余量 AE：进刀角度 O：加工起点（O1 当前刀具位置； O2 从轮廓计算） Q：空刀路优化 （Q1 不优化；Q2 优化） V：安全距离（G81 在 Z 方向； G82 在 X 方向） E：进给速度	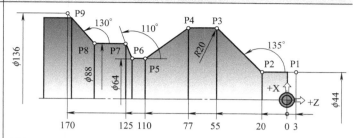 N10 N15 G81 D3 H3 E0.15 AZ0.1 AX0.5 N20 X44 Z3；P1 N25 G1 Z−20；P2 N30 G1 Z−55 AS135 RN20；P3 N35 G1 Z−77 AS180；P4 N40 G1 Z−110 X64；P5 N45 AS180；P6 N50 AS110 X88 Z−125；P7 N55 AS180；P8 N60 AS130 X136 Z−170；P9 N65 G80；加工轮廓描述结束

（8）G86 径向车槽循环、G88 轴向车槽循环

G86 Z/ZI/ZA X/XI/XA ET [EB] [D] [..] G88 Z/ZI/ZA X/XI/XA ET [EB] [D] [..] 必选地址： Z/ZI/ZA X/XI/XA：位置坐标 ET：G86 槽底直径 G88 槽底的 Z 坐标 可选地址： EB：凹槽宽度和槽的位置 EB＋向 Z＋方向的凹入 EB−向 Z−方向的凹入 D：每层切削深度 AS：槽的侧面角度 AE：槽的另一侧面角度 RO：槽顶圆角半径或斜角的边长 （RO＋圆角半径；RO−斜角的边长）	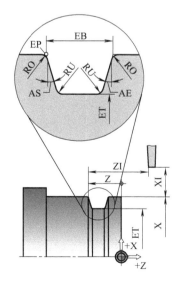

格式	图例及程序
RU：槽底圆角半径或斜角的边长（RU＋圆角半径；RU－斜角的边长） AK：平行于轮廓的余量 AX：在 X 方向的余量 EP：设定槽的定位点（EP1 定位点在槽的开口顶部角落； EP2 定位点在槽的底部角落） H：加工方式（H1 预加工凹槽；H14 先预加工凹槽再精加工；H2 粗加工；H24 先粗加工再精加工；H4 精加工） DB：宽度的百分比 V：安全距离	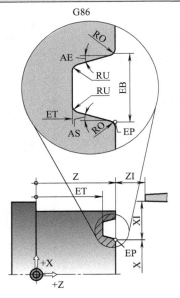 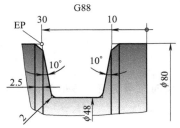 N10 G0 X82 Z－32 N35 G86 Z－30 X80 ET48 EB20 D4 AS10 AE10 RO－2.5 RU2 H14
（9）G85 车退刀槽循环	
G85 Z/ZI/ZA X/XI/XA I/[I] K [RN]〔SX〕〔H〕〔E〕 必选地址： Z/ZI/ZA X/XI/XA：位置坐标 I：槽深，参照 DIN76（H1） K：槽宽，参照 DIN76（H1） 可选地址： RN：圆角半径 SX：磨削余量	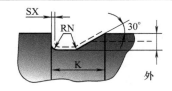 DIN 76 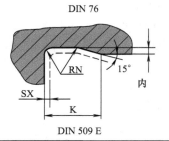 DIN 509 E

续表

格式	图例及程序
H：退刀槽类型 H1 DIN 76 H2 DIN 509 E H3 DIN 509 F E：进给速度	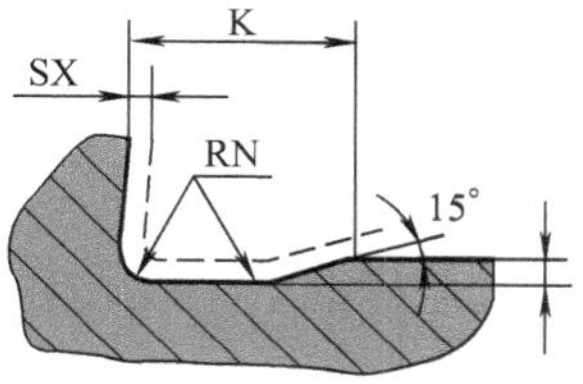 DIN 509F 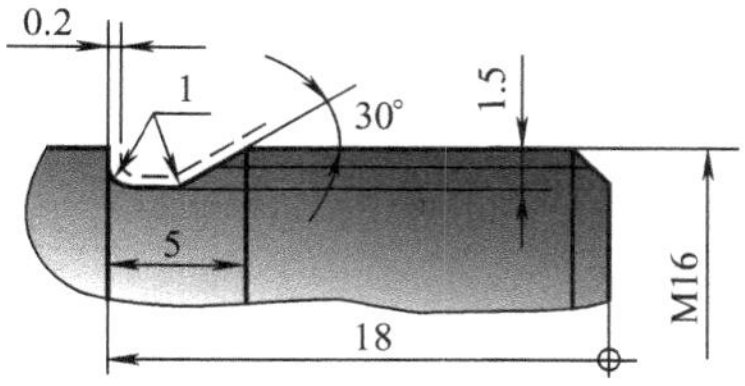 N10 G0 .. N15 G85 ZA－18 XA16 I1. 5 K5 RN1 SX0. 2 H1 E0. 15

4. G80 加工轮廓描述结束

G80 [ZA] [XA]

可选地址：

ZA：按 Z 的绝对坐标值确定与 X 轴平行的加工边界

XA：按 X 的绝对坐标值确定与 Z 轴平行的加工边界

第二节　数控车削编程指令代码

坐标	XA/YA/ZA	相对于工件坐标系的绝对坐标值输入
	XI/YI/ZI	相对于工件坐标系的增量坐标值输入
	IA/JA/ KA	相对于工件坐标系的圆心绝对坐标输入
T（刀具）	T	转塔或刀库中的刀具
	TC	刀具补偿存储器号
	TR	刀具半径补偿值
	TL	刀具长度补偿值
	TZ	刀具在 Z 方向补偿值
	TX	刀具在 X 方向补偿值

M 代 码 （附 加 功 能）	M13	主轴正转、切削液打开
	M14	主轴反转、切削液打开
	M15	主轴停止、切削液关闭
	M17	子程序结束
	M60	恒定进给

G 代 码	插补		刀具补偿	
	G0	快速点定位	G40	取消刀具半径补偿
	G1	直线插补	G41	刀具半径左补偿
	G2	顺时针圆弧插补	G42	刀具半径右补偿
	G3	逆时针圆弧插补	进给和速度	
	G4	停留时间	G92	极限转速
	G9	准确停止	G94	每分钟进给速率（mm/min）
	G14	返回换刀点	G95	每转进给速率（mm/r）
	G61	直线轮廓插补	G96	恒线速度
	G62	顺时针圆弧轮廓插补	G97	恒转速
	G63	逆时针圆弧轮廓插补	程序调用	
	坐标系零点		G22	调用子程序
	G50	取消工件坐标系零点平移和旋转	G23	程序部分重复
	G53	激活机床坐标系	G29	条件跳转
	G54～ G57	工件坐标系绝对坐标零点偏置		
	G59	工件坐标系零点平移和旋转		
	加工平面		循环	
	G17	选择端面为加工平面	G31	车螺纹循环
	G17C	选择端面为加工平面，以极坐标编程	G32	攻螺纹循环
	G18	以当前刀具选择加工平面	G33	不分层单刀车螺纹循环
	G19	选择圆柱面为加工面	G80	加工轮廓描述结束
	G19C	选择圆柱面为加工面，以极坐标编程	G81	内外圆粗车循环
	测量		G82	端面粗车循环
	G70	主单位为英寸	G83	平行轮廓粗加工循环
	G71	主单位为毫米	G84	钻孔循环
	G90	绝对坐标	G85	车退刀槽循环
	G91	增量坐标	G86	径向车槽循环
			G87	径向轮廓车槽循环
			G88	轴向车槽循环
			G89	轴向轮廓车槽循环

第三节　PAL 与 FANUC 数控车削编程指令代码对比

1. G 代码

PAL	FANUC
G0 快速点定位	同
G1 直线插补	同
G2 顺时针圆弧插补	同
G3 逆时针圆弧插补	同
G4 暂停	同
G09 精确停止	同
G14 返回到换刀点	—
G17 选择端面为加工平面	选择 XY 平面
G17C 选择端面为加工平面以极坐标编程	—
G19C 选择圆柱面为加工面以极坐标编程	—
G19Y 以坐标系的 Y 轴加工弦状平面	—
G18 以当前刀具选择加工平面	选择 XZ 平面
G19 选择圆柱面为加工面	选择 YZ 平面
—	G20 英制输入
—	G21 公制输入
G22 调入子程序	—
G23 部分程序重复	—
—	G27 返回检查参考点
—	G28 返回参考点
G29 条件跳转	从参考点返回
G30 Q1 手动夹紧	G30 返回第二参考点
G31 车螺纹循环	—
G32 攻螺纹循环	车螺纹
G33 不分层单刀车螺纹循环	—
G40 取消刀尖半径补偿	同
G41 刀尖半径左补偿	同
G42 刀尖半径右补偿	同
G50 取消工件坐标系零点增量偏置和旋转	转速限制
—	G52 设置局部坐标系
G53 激活机床坐标系	同
G54～G57 设置工件坐标系	同
G58 工件坐标系零点在极坐标系增量偏置和旋转	—
G59 工件坐标系零点在笛卡儿坐标系增量偏置和旋转	—
G61 轮廓直线插补	—
G62 轮廓顺时针圆弧插补	—
G63 轮廓逆时针圆弧插补	—
—	G65 宏程序及宏程序调用
—	G68 坐标系旋转
—	G69 坐标系旋转取消

续表

PAL	FANUC
G70 英制输入	精加工循环
G71 公制输入	内外圆粗车循环
—	G72 端面粗车循环
—	G73 外圆粗车复合循环
—	G74 端面车槽循环
—	G75 X 向车槽循环
—	G76 车螺纹循环
G80 轮廓描述结束	循环取消
G81 内外圆粗车循环	钻孔循环
G82 端面粗车循环	—
—	G83 啄孔循环
G84 钻孔循环	攻螺纹循环
G85 车退刀槽循环	铰孔循环
G86 径向车槽循环	—
G88 轴向车槽循环	—
G90 绝对坐标	同
G91 增量坐标	同
G92 转速限制	车螺纹循环
G94 每分钟进给速率（mm/min）	—
G95 每转进给速率（mm/r）	—
G96 恒线速度	同
G97 恒转速	同
—	G98 每分钟进给速率（mm/min）
—	G99 每转进给速率（mm/r）

2. M 代码

PAL	FANUC
M00 暂停	同
—	M01 选择性暂停
—	M02 程序结束
M03 主轴正转	同
M04 主轴反转	同
M05 主轴停止	同
M06 换刀	同
M08 切削液开	同
M09 切削液关	同
M13 主轴正转、切削液开	—
M14 主轴反转、切削液开	—
M30 程序结束、返回程序头	同
M60 恒定进给	—
—	M98 调子程序
—	M99 子程序结束

第四节　图解数控铣削编程指令

1. G1 直线插补

图　例	数控程序
（1）绝对坐标指令 G90 与增量坐标 XI、YI、ZI	
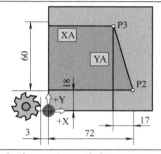	N10··· N15 G42 N20 G0 X··· N25 G1 X72;P2 N30 G1 XI－17 YI57;P3 N35···
（2）绝对坐标 XA、YA、ZA 与增量坐标指令 G91	
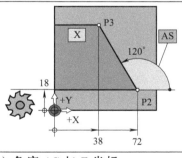	N10··· N15 G42 G0 X－16 Y18 N20 G91 N25 G1 X88;P2 N30 G1 XA55 YA78;P3 N35···
（3）角度 AS 与 X 坐标	
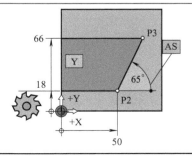	N10··· N15 G42 N20 G0 X··· Y18 N25 G1 X72;P2 N30 G1 AS120 X38;P3 N35···
（4）角度 AS 与 Z 坐标	
  N10···   N15 G42   N20 G0 X··· Y18   N25 G1 X50;P2   N30 G1 AS65 Y66;P3   N35···

续表

图　例	数控程序

（5）倒圆角 RN+ 与倒斜角 RN-（RN＋与RN－提供二维轮廓间的过渡功能）

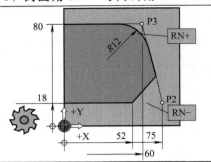

N10…

N15 G42

N20 G0 X… Y18

N25 G1 X75 RN－23；P2

N30 G1 X60 Y80 RN＋12；P3

N35…

2. G2、G3 圆弧插补

图　例	数控程序

（1）圆心绝对坐标的圆弧插补

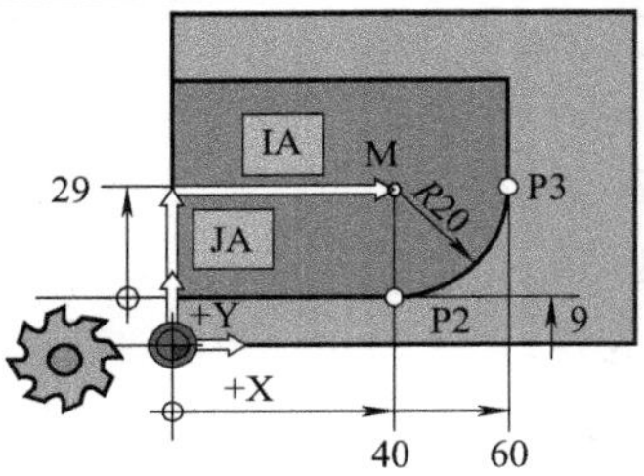

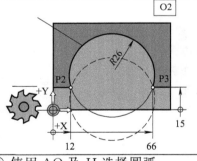

N10 …

N15 G90

N20 G0 X… Y9；P1

N25 G1 X40；P2

N30 G3 X60 Y29 IA40 JA29；P3

N35 …

（2）半径 R、扇形角 AO 编程及多方案的选择（半径 R 或扇形角 AO 可能会出现多个方案的圆弧，可以使用 O、H 及 R 的＋、－进行选择）

① 使用 R 及 O 选择圆弧

N10 …

N15 G90

N20…

N25 G1 X12 Y15；P2

N30 G2 X66 Y15 R26 O2；P3

N30 G2 X66 Y15 R － 26；P3

② 使用 AO 及 H 选择圆弧

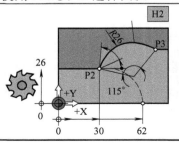

N10 …

N15 G90

N20…

N25 G1 X30 Y26；P2

N30 G2 X62 R26 AO115 H2；P3

3. G11 极坐标直线插补

格式	图例	程　序
G11 RP AP/AI [J/JA] [Z/ ZI/ZA] [RN] .. 必选地址: RP:极径 AP:极角 AI:增量极角 可选地址: I,IA:极点的 X 坐标 J,JA:极点的 Y 坐标 Z,ZI,ZA:极点的 Z 坐标	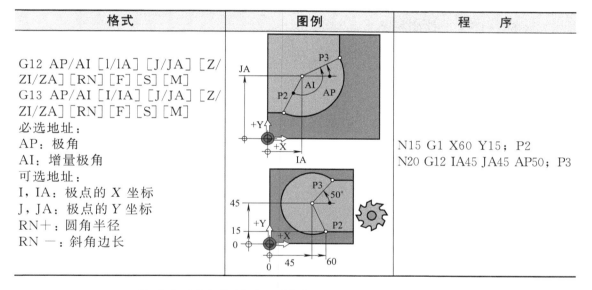	N15 G42 G47 R20 X30 Y0Z−3;P2 N20 G11 IA0 JA0 RP30 AP90;P3 N25 G11 lA0 JA0 RP30 AP180;P4 N30 G11 IA0 JA0 RP30 AP270;P5 N35 G11 lA0 JA0 RP30 AP0;P2

4. G12、G13 极坐标圆弧插补

格式	图例	程　序
G12 AP/AI [l/lA] [J/JA] [Z/ ZI/ZA] [RN] [F] [S] [M] G13 AP/AI [I/IA] [J/JA] [Z/ ZI/ZA] [RN] [F] [S] [M] 必选地址: AP:极角 AI:增量极角 可选地址: I,IA:极点的 X 坐标 J,JA:极点的 Y 坐标 RN+:圆角半径 RN —:斜角边长		N15 G1 X60 Y15; P2 N20 G12 IA45 JA45 AP50; P3

5. G45、G46 轮廓相切直线导入、导出

格　式	图例及程序
G41/G42 G45 D [X/XI/XA] [Y/YI/YA] [Z/ZI/ZA] [W] [E] [F] [S] [M] G46 G40 D [Z/ZI/ZA] [W] [F] [S] [M] 必选地址: D:导入、导出长度 可选地址: X,XI,XA:轮廓第一点的 X 坐标 Y,YI,YA:轮廓第一点的 Y 坐标 Z,ZI,ZA:轮廓第一点的 Z 坐标 W:安全距离 E:进给速度	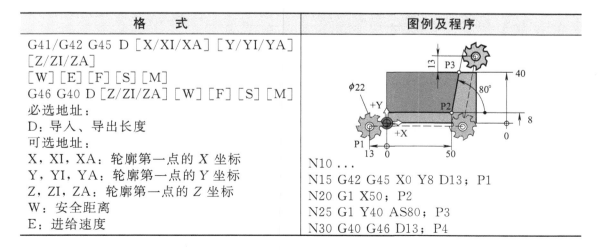 N10 ... N15 G42 G45 X0 Y8 D13; P1 N20 G1 X50; P2 N25 G1 Y40 AS80; P3 N30 G40 G46 D13; P4

6. G47、G48 轮廓相切 1/4 圆弧导入、导出

格　式	图例及程序
G41/G42 G47 R［X/XI/XA］［Y/YI/YA］ ［Z/ZI/ZA］ ［W］［E］［F］［S］［M］ G48 G40 R［Z/ZI/ZA］［W］［F］［S］［M］ 必选地址： R：圆弧半径 可选地址： X，XI，XA：轮廓第一点的 X 坐标 Y，YI，YA：轮廓第一点的 Y 坐标 Z，ZI，ZA：轮廓第一点的 Z 坐标 W：安全距离 E：进给速度	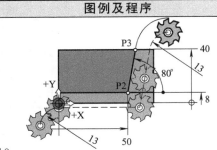 N10 … N15 G42 G47 X0 Y8 R13；P1 N20 G1 X50；P2 N25 G1 Y40 AS80；P3 N30 G40 G48 R13；P4

7. G54～G57 工件坐标系

格　式	图例及程序
G54/ G55/G56/G57 备注： 工件坐标系零点偏置量是指相对于机床零点的位移值，在启动程序之前由机床操作员输入机床	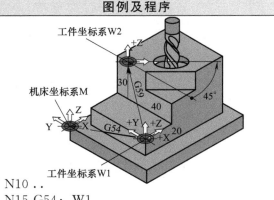 N10 … N15 G54；W N20

8. G59 工件坐标系增量位移或旋转

格　式	图例及程序
G59 XA/YA/ZA/AR 必选地址： X，XI，XA：新坐标系原点的 X 坐标 Y，YI，YA：新坐标系原点的 Y 坐标 Z，ZI，ZA：新坐标系原点的 Z 坐标 AR：新坐标系的旋转角度	N10 .. N15 G54；W1 N20 G59 X20 Y40 Z30 AR45；W2

9. G82 断屑深孔钻循环、G83 断屑排屑深孔钻循环

格　式	图例及程序
G82 ZI/ZA D V [W] [VB] [DR] [DM] [U] [O] [DA] [E] [F] [S] [M] G83 ZI/ZA D V [W] [VB] [DR] [DM] [U] [O] [DA] [E] [FR] [F] [S] [M] 必选地址： ZI：钻孔的深度，相对当前刀具位置 ZA：钻孔的绝对深度 可选地址： D：啄孔深度 V：安全距离 VB：断屑抬刀距离 DR：两次钻孔深度的减少值 DM：两次钻孔间的最小距离 DA：第一刀钻孔深度 R：退出距离 U：停留 O：停留方式（O1 停留多少秒；O2 停留多少转） FR：快速移动的百分比 E：进给速度	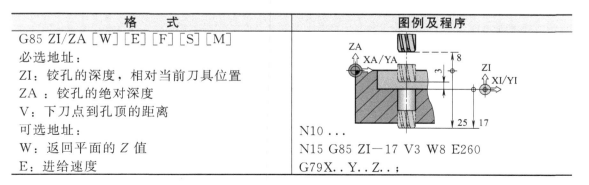 N10 … N15 G82 ZI－30 D10 V3 W4 VB1.5 DR3 U1 O1 DA6 N20 G79X..Y..Z..；

10. G84 攻螺纹循环

格　式	图例及程序
G84 ZI/ZA F M V [W] [S] 必选地址： ZI：钻孔的深度，相对当前刀具位置 ZA：钻孔的绝对深度 F：螺距 M：刀具正反转（M3 右旋螺纹；M4 左旋螺纹） V：下刀点到孔顶的距离	N10 … N15 G84 ZI－12 F1.25 M3 V4 W7 S800 N20 G79 X..Y..Z..；

11. G85 铰孔循环

格　式	图例及程序
G85 ZI/ZA [W] [E] [F] [S] [M] 必选地址： ZI：铰孔的深度，相对当前刀具位置 ZA：铰孔的绝对深度 V：下刀点到孔顶的距离 可选地址： W：返回平面的 Z 值 E：进给速度	N10 … N15 G85 ZI－17 V3 W8 E260 G79X..Y..Z..；

12. G86 镗孔循环

格　式	图例及程序
G86 ZI/ZA V [W] [DR] [F] [S] [M] 必选地址： ZI：镗孔的深度，相对当前刀具位置 ZA：镗孔的绝对深度 V：安全距离 可选地址： W：返回平面 DR：从轮廓返回的径向距离	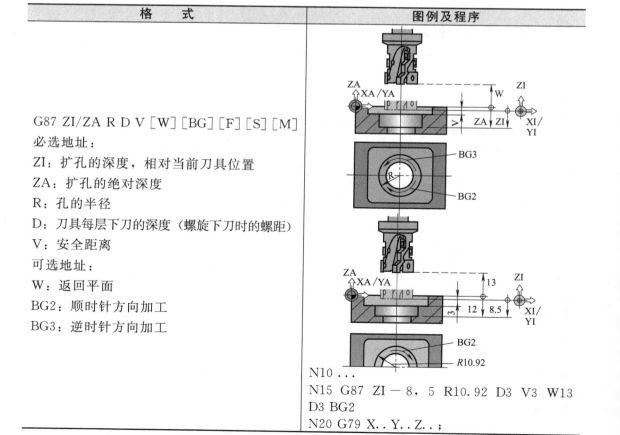 N10 … N15 G86 ZI－9 V2 W10 DR2 N20 G79X..Y..Z..;

13. G87 扩孔循环

格　式	图例及程序
G87 ZI/ZA R D V [W] [BG] [F] [S] [M] 必选地址： ZI：扩孔的深度，相对当前刀具位置 ZA：扩孔的绝对深度 R：孔的半径 D：刀具每层下刀的深度（螺旋下刀时的螺距） V：安全距离 可选地址： W：返回平面 BG2：顺时针方向加工 BG3：逆时针方向加工	N10 … N15 G87 ZI－8，5 R10.92 D3 V3 W13 D3 BG2 N20 G79 X..Y..Z..;

14. G88 内螺纹铣削循环

格　式	图例及程序
G88 ZI/ZA DN D Q V［W］［BG］［F］［S］［M］ 必选地址： ZI：孔的深度，相对当前刀具位置 ZA：孔的绝对深度 DN：内螺纹的公称直径 D：螺距 Q：牙型编号（刀具号） V：安全距离 可选地址： W：返回平面 BG2：顺时针方向加工 BG3：逆时针方向加工	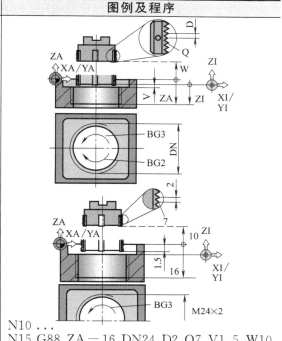 N10 … N15 G88 ZA－16 DN24 D2 Q7 V1.5 W10 BG3 F.. N20 G79 X..Y..Z..

15. G89 外螺纹铣削循环

格　式	图例及程序
G89 ZI/ZA DN D Q V［W］［BG］［F］［S］［M］ G88 ZI/ZA DN D Q V［W］［BG］［F］［S］［M］ 必选地址： ZI：孔的深度，相对当前刀具位置 ZA：孔的绝对深度 DN：内螺纹的公称直径 D：螺距 Q：牙型编号（刀具号） V：安全距离 可选地址： W：返回平面 BG2：顺时针方向加工 BG3：逆时针方向加工	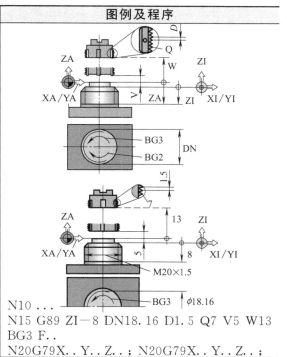 N10 … N15 G89 ZI－8 DN18.16 D1.5 Q7 V5 W13 BG3 F.. N20G79X..Y..Z..；N20G79X..Y..Z..；

16. G72 矩形槽循环

格　　式	图例及程序
G72 ZI/ZA LP BP D V [W] [RN] [AK] [AL] [EP] [DB] [RH] [DH] [O] [Q] [H] [E] [F] [S] [M] 必选地址： ZI：槽的相对深度 ZA：槽的绝对深度 LP：长度 BP：宽度 D：最大下刀深度 V：安全距离 可选地址： AK：外轮廓余量 AL：底部余量 RN：圆角半径 EP0，EP1，EP2，EP3：循环调用基点 W：返回平面 H：加工方式（H1 粗加工；H2 轮廓粗加工；H4 精加工；H14 使用同一把刀粗、精加工） E：进给速度	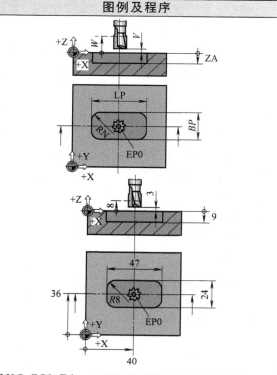 N15 G72 ZA－9 LP47 BP24 D4 V3 AK0.4 AL0.5 W8 N20 G79 X40 Y36;

17. G73 圆形槽循环

格　　式	图例及程序
G73 ZI/ZA R D V [W] [RZ] [AK] [AL] [DB] [RH] [DH] [O] [Q] [H] [E] [F] [S] [M] 必选地址： ZI：槽的相对深度 ZA：槽的绝对深度 R：半径 V：安全距离 可选地址： RZ：岛屿的半径 AK：外轮廓余量 AL：底部余量 DB：刀具路径的重叠（刀具直径%） W：返回平面 H、E：与 G72 相同	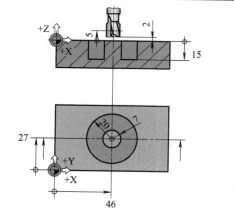 N15 G73 ZA－15 R20 D4 V2 AK0.4 AL0.5 W5 N20 G79 X46 Y27;

18. G74 直槽循环

格　式	图例及程序
G74 ZI/ZA LP BP D V [W] [RN] [AK] [AL] [EP] [DB] [RH] [DH] [O] [Q] [H] [E] [F] [S] [M] 必选地址： ZI：槽的相对深度 ZA：槽的绝对深度 LP：长度 BP：宽度 D：最大下刀深度 可选地址： AK：外轮廓余量 AL：底部余量 EP0，EP1，EP2，EP3：循环调用基点 O：下刀方式（O1 直接下刀；O2 螺旋下刀） 其余与 G72 相同	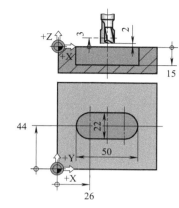 N15 G74 ZA－15 LP50 BP22 D3 V2 N20 G79 X... Y... ;

19. G75 扇形槽循环

格　式	图例及程序
G75 ZI/ZA BP RP AN/AO AO/AP D V [W] [AK] [AL] [EP] [O] [Q] [H] [E] [F] [S] [M] 必选地址： ZI：槽的相对深度 ZA：槽的绝对深度 BP：槽的宽度 RP：槽的半径 AN：起始角 AO：扇形角 AP：槽末端角度（只需两个角度编程） D：最大下刀深度 V：安全距离 可选地址： EP：循环调用基点（EP0 槽的下端圆心； EP1 槽的圆心；EP2 槽的上端圆心） 其余与 G72 相同	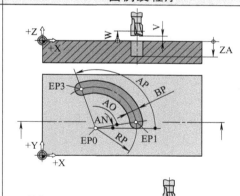 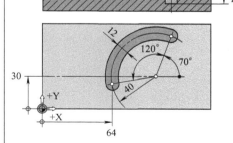 N15 G75 ZA－15 BP12 RP80 AN70 AO120 AK0.3 AL0.5 EP3 D5 V3 W6 N20G79X64Y30;

20. G76 在一条直线上调用循环

格　式	图例及程序
G76［X/XI/XA］［Y/YI/YA］［Z/ZI/ZA］ A S D O［AR］［W］ 必选地址： AS：角度 D：距离 O：数量 可选地址： X/XI/XA Y/YI/YA Z/ZI/ZA：第一个点坐标的输入方式 AR：调用循环的旋转角度 W：返回平面	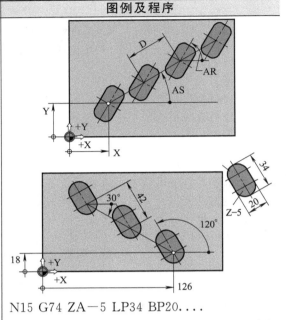 N15 G74 ZA－5 LP34 BP20.... N20 G76 X126 Y18 Z0 AS120 D42 O3 AR －30；

21. G77 在圆上调用循环

格　式	图例及程序
G77［I/IA］［J/JA］［Z/ZI/ZA］R AN/ AI/ AP O［AR］［W］ 必选地址： R：半径 AN：起始角 AI：增量角 AP：最后一个循环的角度 O：数量 可选地址： I、J：按圆弧计算 IA、JA：圆心的绝对坐标 AR：调用循环的旋转角度 W：返回平面	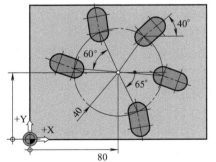 N15 G74 ZA－5 LP34 BP20....； N20 G77 R40 AN－65 AI60 AR40 O5 IA80 JA60；

22. G78 使用极坐标调用循环

格　式	图例及程序
G78 I/IA J/JA RP AP [Z/ZI/ZA] [AR] [W] 必选地址： I、J：按圆弧计算 IA 、JA：圆心的绝对坐标 RP：极径 AP：极角 可选地址： AR：调用循环的旋转角度 W：返回平面	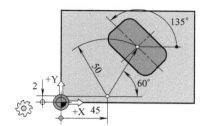 N15 G72 ZA..LP..BR..； N20 G78 IA45 JA2 RP50 AP60 AR135；

23. G79 使用直角坐标调用循环

格　式	图例及程序
G79 [X/XI/XA] [Y/YI/YA] [Z/ZI/ZA] [AR] [W] 必选地址： X，XI，XA Y，YI，YA Z，ZI，ZA：坐标 可选地址： AR：调用循环的旋转角度 W：返回平面	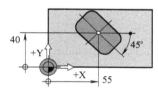 N15 G72 ZA..LP..BP..； N20 G79 XA55 YA40 AR−45；

24. G61 轮廓直线插补

格　式	图例及程序
G61 [XI/XA] [YI/YA] [Z/ZI/ZA] [D] [AT] [AS] [RN] [H] [O] 可选地址： X/XI/XA Y/YI/YA Z/ZI/ZA：坐标 D：长度 AT：过渡角 AS：起始线的角度 RN+：倒圆角半径	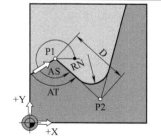 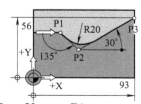 N15 G1 X...Y...；P1 N20 G61 AT135 RN20；P2 N25 G61 XA93 YA56 AS30；P3

25. G62、G63 轮廓圆弧插补

格　式	图例及程序
G62/G63〔XI/XA〕〔YI/YA〕〔Z/ZI/ZA〕 〔I/IA〕〔J/JA〕〔R〕〔AT〕〔AS〕〔AO〕〔O〕 〔AE/AP〕〔RN〕〔H〕〔O〕〔F〕〔S〕〔M〕 可选地址： X/XI/XA Y/YI/YA Z/ZI/ZA：坐标 R：半径（R＋小于180°圆弧半径；R－大 于180°圆弧半径） AT：过渡角 AS：起始线的角度 RN＋：倒圆角半径	 N15 G1 X...Y...；P1 N20 G63 R＋40 AS－45 RN15；P2 N25 G61 Y75 AS130；P3

第五节　PAL 数控铣削编程指令 G 代码

	插　补		刀具补偿
G0	快速点定位	G40	取消刀具半径补偿
G1	直线插补	G41	刀具半径左补偿
G2	顺时针圆弧插补	G42	刀具半径右补偿
G3	逆时针圆弧插补		进给和速度
G4	停留时间	G92	极限转速
G9	准确停止	G94	每分钟进给速率(mm/min)
	—	G95	每转进给速率(mm/r)
G10	极坐标快速直线运动	G96	恒线速度
G11	极坐标直线插补	G97	恒转速
G12	极坐标顺时针圆弧插补		程序调用
G13	极坐标逆时针圆弧插补	G22	调用子程序
	—	G23	程序部分重复
G45	轮廓相切直线导入	G29	条件跳转
G46	轮廓相切直线导出		循环
G47	轮廓相切1/4圆弧导入	G34	开启轮廓挖槽循环
G48	轮廓相切1/4圆弧导出	G35	粗加工轮廓挖槽循环
	—	G36	材料残留工艺轮廓挖槽循环
G61	直线轮廓插补	G37	精加工轮廓挖槽循环
G62	顺时针圆弧轮廓插补	G38	轮廓挖槽轮廓描述

续表

插　　补		刀具补偿	
G63	逆时针圆弧轮廓插补	G80	轮廓描述结束
坐标系零点		G39	调用轮廓挖槽轮廓
G50	取消工件坐标系零点平移和旋转	—	
G53	激活机床坐标系	G72	矩形挖槽循环
G54…	工件坐标系绝对坐标零点偏置	G73	圆形挖槽循环
G57		G74	直线挖槽循环
G59	工件坐标系零点平移和旋转	G75	圆弧挖槽循环
旋转、缩放		G81	钻孔循环
G66	以 X 轴或 Y 轴镜像，或取消镜像	G82	断屑钻深孔循环
G67	缩放（放大、缩小，或取消缩放）	G83	断屑和排屑深孔钻循环
加工平面		G84	攻螺纹循环
G17	选择端面为加工平面	G85	铰孔循环
G17C	选择端面为加工平面，以极坐标编程	G86	镗孔循环
G18	以当前刀具选择加工平面	G87	扩孔循环
G19	选择圆柱面为加工面	G88	内螺纹铣削循环
G19C	选择圆柱面为加工面，以极坐标编程	G89	外螺纹铣削循环
测量			
G70	主单位为英寸	G90	绝对坐标
G71	主单位为毫米	G91	增量坐标

第六节　PAL 与 FANUC 数控铣削编程指令 G 代码对比

PAL	FANUC
G0 快速点定位	同
G1 直线插补	同
G2 顺时针圆弧插补	同
G3 逆时针圆弧插补	同
G4 暂停	同
G10 极坐标快速直线运动	同
G11 极坐标直线插补	—
G12 极坐标顺时针圆弧插补	—
G13 极坐标逆时针圆弧插补	—
G16 平面的增量旋转	极坐标
G17 平面转换复位	选择 XY 平面
—	G18 选择 XZ 平面
—	G19 选择 YZ 平面
WM 以绝对空间角度进行的平面选择	—
WR 以增量空间角度进行的平面选择	—
—	G20 英制输入

PAL	FANUC
—	G21 公制输入
G22 调入子程序	—
G23 部分程序重复	—
—	G28 返回参考点
—	G29 从参考点返回
G34 开启轮廓挖槽循环	—
G35 粗加工轮廓挖槽循环	—
G38 轮廓挖槽轮廓描述	—
G39 调用轮廓挖槽轮廓	—
G40 取消刀尖半径补偿	同
G41 刀尖半径左补偿	同
G42 刀尖半径右补偿	同
G45 轮廓相切直线导入	—
G46 轮廓相切直线导出	—
G47 轮廓相切 1/4 圆弧导入	—
G48 轮廓相切 1/4 圆弧导出	—
G50 取消工件坐标系零点增量偏置和旋转	取消比例缩放
—	G51 比例缩放
G53 激活机床坐标系	同
G54～G57 设置工件坐标系	同
G58 工件坐标系零点在极坐标系增量偏置和旋转	设置工件坐标系
G59 工件坐标系零点在笛卡儿坐标系增量偏置和旋转	设置工件坐标系
G61 轮廓直线插补	—
G62 轮廓顺时针圆弧插补	—
G63 轮廓逆时针圆弧插补	—
G66 镜像	—
G67 开始或取消比例缩放	—
—	G68 坐标系旋转
—	G69 坐标系旋转取消
G70 主单位为英寸	—
G71 主单位为毫米	—
G72 矩形挖槽循环	—
G73 圆形挖槽循环	深孔钻固定循环
G74 直线挖槽循环	左螺纹攻螺纹循环
G75 圆弧挖槽循环	—
G76 在一条直线上调用循环	镗孔循环
G77 在圆弧上调用循环	—
G78 使用极坐标调用循环	—
G79 使用直角坐标调用循环	—
G80 轮廓描述结束	循环取消
G81 钻孔循环	同
G82 啄孔循环	同

续表

PAL	FANUC
G83 深孔钻循环	同
G84 攻螺纹循环	同
G85 铰孔循环	镗孔循环
G86 镗孔循环	有退刀的镗孔循环
G87 扩孔循环	—
G88 内螺纹铣削循环	镗孔循环
G89 外螺纹铣削循环	镗孔循环
G90 绝对坐标编程	同
G91 增量坐标编程	同
G92 坐标系零点偏置	—
G94 每分钟进给速率(mm/min)	同
G95 每转进给速率(mm/r)	同

第二章

数控车削编程基础

本章首先结合中学所学的平面几何与解析几何的知识，介绍如何计算几何轮廓上的点坐标，再结合第一章所学的数控车削编程指令编写数控程序。

第一节　几　何　基　础

1. 角

概　　念	图　　例
在两条直线的交点处创建的角度： 邻角：α 与 β、γ 与 δ 是邻角，其和是 $180°$。 $\alpha + \beta = 180°$，$\gamma + \delta = 180°$ 对顶角：α 与 γ、β 与 δ 是对顶角，分别相等。 $\alpha = \gamma$，$\beta = \delta$ 同位角：α 与 α_1、β 与 β_1 是同位角，分别相等。 即：$\alpha = \alpha_1$、$\beta = \beta_1$ 推论：$\alpha = \gamma_1$、$\beta = \delta_1$	
三角形内角的和等于 $180°$。 即：$\alpha + \beta + \gamma = 180°$	

项目 1　角度的计算

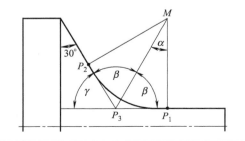

角度的计算：$\gamma = 180° - 90° - 30° = 60°$
$2\beta = 180° - \gamma = 120°$
$\beta = 120°/2 = 60°$
$\alpha = 180° - 150° = 30°$

2. 勾股定理

概　　念	图　例
$c^2 = a^2 + b^2$ 例：已知：$a = 40\text{mm}$，$b = 30\text{mm}$ 求：c $c = (a^2 + b^2)^{1/2} = [(40\text{mm})^2 + (30\ \text{mm})^2]^{1/2}$ 　　$= 50\text{mm}$	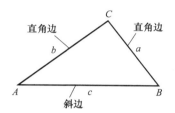

项目 2　利用勾股定理进行几何计算

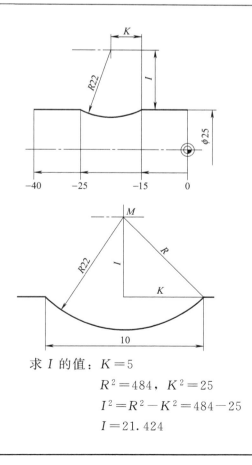

求 I 的值：$K = 5$

　　$R^2 = 484$，$K^2 = 25$

　　$I^2 = R^2 - K^2 = 484 - 25$

　　$I = 21.424$

3. 相似三角形

概　　念	图　　例
$$\frac{a}{a_1}=\frac{b}{b_1}$$ $$\frac{a}{z}=\frac{a_1}{z_1}$$ $$\frac{b}{z}=\frac{b_1}{z_1}$$	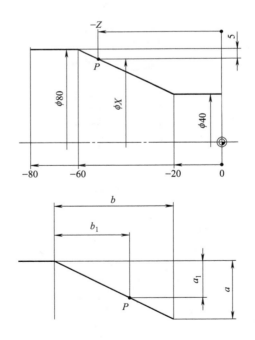

项目 3　利用相似三角形进行几何计算

求 P 点的 X、Z 坐标：$b_1/a_1=b/a$　$b_1=(ba_1)/a=(40\times5)/20$

$$X=70\quad Z=50$$

第二节　数控车床坐标系

1. 直角坐标系

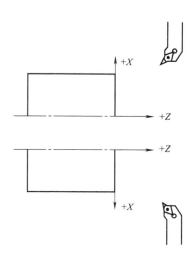

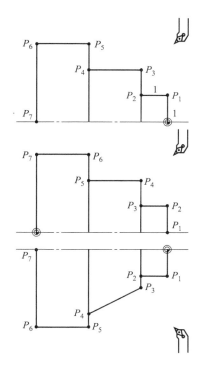

	P_1	P_2	P_3	P_4	P_5	P_6	P_7
X	2	2	4	4	6	6	0
Z	0	−1	−1	−3	−3	−5	−5

	P_1	P_2	P_3	P_4	P_5	P_6	P_7
X	0	2	2	4	4	6	6
Z	0	0	−1	−1	−3	−3	−5

	P_1	P_2	P_3	P_4	P_5	P_6	P_7
X	2	2	3	5	6	6	0
Z	0	−1	−1	−3	−3	−5	−5

2. 极坐标系

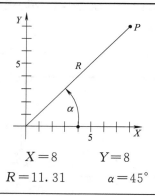

$$X=8 \qquad Y=8$$
$$R=11.31 \qquad \alpha=45°$$

项目4　利用极坐标系进行几何计算

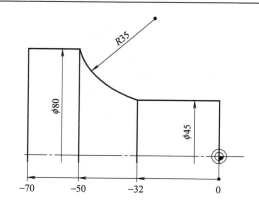

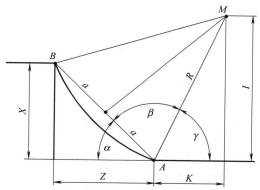

求 α、β、γ

$\tan\alpha=X/Z=17.5/18=0.972 \qquad\qquad \alpha=44.193°$

$(2a)^2=17.5^2+18^2=630.25 \qquad\qquad a=12.552$

$\cos\beta=a/R=12.552/35=0.359 \qquad\qquad \beta=68.983°$

$\gamma=180°-44.193°-68.983°=66.824°$

$\cos\gamma=0.394 \quad K=35×0.394=13.79$

$\sin\gamma=0.919 \quad I=32.165$

项目 5　利用极坐标系计算点的坐标

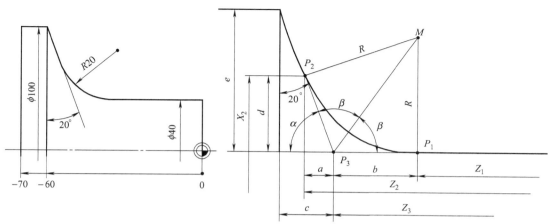

求 P_1、P_2 点的坐标

$\alpha = 180° - 90° - 20° = 70°$

$\tan\alpha = 2.747$

$c = e/\tan\alpha = 30/2.747 = 10.921$

$Z_3 = 60 - 10.921 = 49.079$

$\tan\beta = \tan[(180° - 70°)/2] = 1.428$

$b = 20/1.428 = 14.006$

$Z_1 = 49.079 - 14.006 = 35.073$

$\cos\alpha = a/b = 0.342$

$\alpha = 14.006 \times 0.342 = 4.7$

$Z_2 = 49.079 + 4.79 = 54.58$

$\sin\alpha = d/a = 0.94$

$d = 14.006 \times 0.94 = 13.166$

$X_2 = 40 + 2d = 66.332$

第三节　数控车削轮廓编程指令

项目 6　轮廓编程

（1）G00 G01 绝对坐标编程 G90

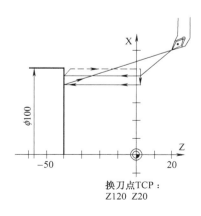

换刀点 TCP：
Z120 Z20

N01 G54 G92 S3200

N05 G96 S210

N07 T1 F0.5 M4

N10 G00 X90 Z2

N15 G01 Z−40

N20 G01 X94 Z−38

N25 G00 Z2

N30 G00 X80

N35 G01 Z−40

N40 G00 X120 Z20

N45 M30

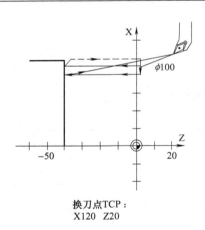

技术数据

换刀点 TCP	X120,Z20
切削速度	210m/min
进给速度	0.5mm/r
切削层深度	5mm
刀具	粗加工车刀

N01 G54 G00 X120 Z20	N80 G00 X120 Z20
N03 G92 S3200	N85 M30
N05 G96 S210	N40 G01 X84 Z−38
N07 T1 F0.5 M 4	N45 G00 Z2
N10 G00 X90 Z2	N50 G00 X70
N15 G01 Z−40	N55 G01 Z−20
N20 G01 X94 Z−38	N60 G01 X74 Z−18
N25 G00 Z2	N65 G00 Z2
N30 G00 X80	N70 M30
N35 G01 Z−40	

（2）G00 G01 相对坐标编程 G91

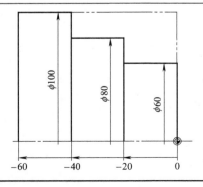

换刀点TCP：
X120 Z20

N01 G54 G92 S3200 G96 S210

N05 G00 X120 Z20

N10 T1 F.5 G91 M04

N15 G00 X−15 Z−18

N20 G01 Z−42

N25 G01 X2 Z2

N30 G00 Z40

N35 G00 X−7

N40 G01 Z−42

N45 G00 X20 Z60

N50 M30

技术数据

换刀点 TCP	X120,Z20
线速度	210m/min
进给速度	0.5mm/r
切层深度	5mm
刀具	粗加工车刀

N01 G54 G00 X120 Z20	N35 G01 Z—42
N03 G92 S3200	N80 G00 X30 Z40
N05 G96 S210	N85 M30
N07 T1 F0.5 M 4	N55 G01 Z—22
N10 G91 G00 X—15 Z—18	N40 G01 X2 Z2
N15 G01 Z—42	N45 G00 Z40
N20 G01 X2 Z2	N50 G00 X—7
N25 G00 Z40	N60 G01 X2 Z2
N30 G00 X—7	N65 G00 Z20

（3）G00 G01 绝对坐标编程 G90

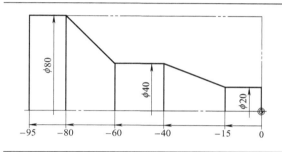

技术数据

换刀点 TCP	X120，Z20
线速度	210m/min
进给速度	0.5mm/r
切层深度	轮廓加工
刀具	粗加工车刀

N01 G90 G54 G00 X140 Z40

N03 G96 S210 G92 S3200

N05 T1 F0.3 M4

N10 G00 X20 Z2

N15 G01 Z—15

N20 X40 Z—40

N25 Z—60

N30 X80 Z—80

N35 Z—95

N40 G00 X140 Z40

N45 M30

（4）G00 G01 相对坐标编程 G91

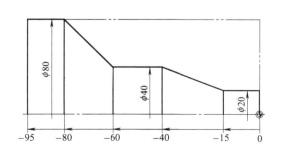

技术数据

换刀点 TCP	X120，Z20
线速度	210m/min
进给速度	0.5mm/r
切削层深度	轮廓加工
刀具	粗加工车刀

N01 G90 G54 G00 X140 Z40
N03 G96 S210 G92 S3200
N05 T1 F0.3 M4
N10 G91 G00 X－60 Z－38
N15 G01 Z－17
N20 X10 Z－25
N25 Z－20
N30 X20 Z－20
N35 Z－15
N40 G00 X30 Z135
N45 M30

（5）G00 G01 G02 G03 编程

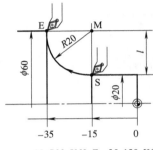

N..G02 X60 Z－35 120 K0

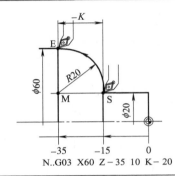

N..G03 X60 Z－35 10 K－20

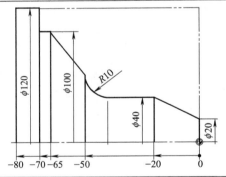

N01 G90 G54 G00 X140 Z40
N03 G96 S210 G92 S3200
N05 T1 F0.3 M4
N10 G00 X20 Z2
N15 G01 Z0
N20 X40 Z－20
N25 Z－40
N30 G02 X60 Z－50 I10 K0
N35 G01 X100 Z－65
N40 Z－70
N45 X120
N50 Z－80
N55 G00 X140 Z40
N60 M30

（6）G00 G01 G02 G03 编程

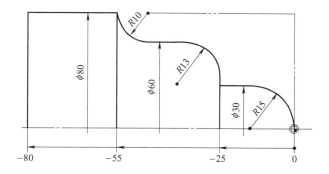

N01 G90 G54 G00 X140 Z40
N03 G96 S210 G92 S3200
N05 T1 F0. 3 M4
N10 G00 X0 Z2
N15 G01 Z0
N20 G03 X30 Z—15 I0 K—15
N25 G01 Z—25
N25 X34
N30 G03 X60 Z—38 I0 K—13
N35 G01 Z—45
N40 G02 X80 Z—55 I10 K0
N50 G01 Z—80
N55 G00 X140 Z40
N60 M30

（7）轮廓定义：角度和坐标

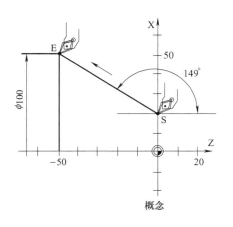

概念

N1 T1 G54 G92 S3200
N2 G96 S210
N3 F0. 4 M04
N4 G01 X40 Z0
N5 G01 A149 X100
N6 M30

N05 G01 X20 Z0
N10 G01 A135 Z−30

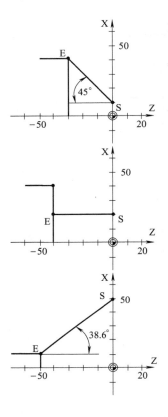

N05 G01 X40 Z0
N10 G01 Z−40

N05 G01 X 100 Z0
N10 G01 A38. 6 Z−50

（8）轮廓定义：角度和倒圆角 RN

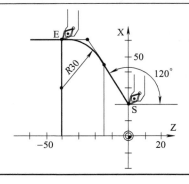

N5 G01 X40 Z0
N6 G01 X120 Z−40 AS120 RN30
N7 Z−80

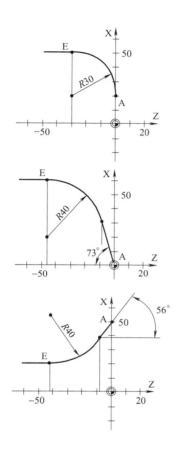

N05 G01 X40 Z0
N10 G01 X100 RN30
N15 G01 Z－50

N05 G01 X0 Z0
N10 G01 AS107 X120 RN40
N15 G01 Z－50

N05 G01 X100 Z0
N10 G01 AS56 X40 RN40
N15 G01 Z－50

（9）角度和倒圆角 RN

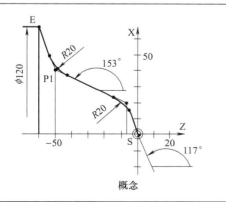

概念

N5 G1 X0 Z0
N10 G1 X40 AS117 RN20 M8
N15 G1 Z－50 AS150 RN20
N20 G1 X120 Z－60

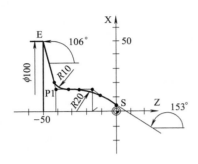

N05 G01 X10 Z0
N10 G01 AS153 Z−15 RN20
N20 G01 Z−40 RN10
N30 G01 AS106 Z−50

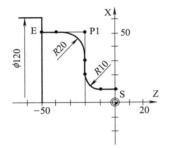

N05 G01 X20 Z0
N10 G01 Z−20 RN10
N20 G01 X100 RN20
N30 G01 Z−50

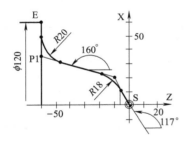

N05 G01 X0 Z0
N10 AS117 X40 RN18
N20 Z−60 AS160 RN20
N30 X120

（10）倒斜角 RN−

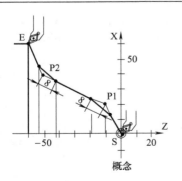

概念

N1 T1 G54 S200 F. 3 M04
N2 G01 X0 Z0
N3 G01 X40 Z−10 RN−8
N4 G01 X80 Z−50 RN−8
N5 G01 Z−60 X120
N6 G00 X140 Z20
N7 M30

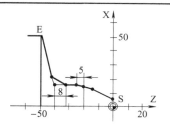

N05 G01 X10 Z0

N10 AS153 Z－20 RN－5

N15 Z－40 RN－8

N20 AS106 Z－50

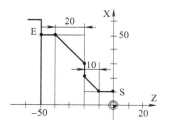

N05 G01 X20 Z0

N10 Z－20 RN－10

N15 X100 RN－20

N20 Z－50

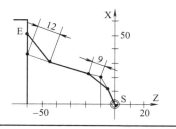

N05 G01 X0 Z0

N10 AS117 Z－10 RN－9

N15 AS160 Z－60 RN－12

N20 X120

第四节　数控车削粗加工循环指令

1. G81 粗加工循环（一）

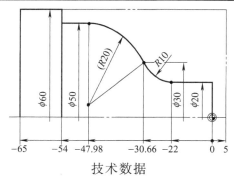

技术数据

换刀点 TCP	X140，Z40
线速度	210m/min
进给速度	0.3mm/r
切削层深度	轮廓加工
刀具	粗加工车刀

N01 G90 G54 G00 X140 Z40

N03 G96 S210 G92 S3200

N05 T1 F0.3 M4

N10 G00 X20 Z2

N15 G01 Z－22

N20 G02 X30 Z－30.66 I10 K0

N25 G03 X50 Z－47.98 I－10 K－17.32

N30 G01 Z－54

N35 X60

N45 G00 X140 Z40

N50 M30

2. G81 粗加工循环（二）

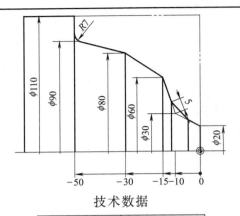

技术数据

换刀点 TCP	X140，Z40
线速度	210m/min
进给速度	0.3mm/r
切削层深度	轮廓加工
刀具	粗加工车刀

N01 G90 G54 G00 X140 Z40

N03 G96 S210 G92 S3200

N05 T1 F0.3 M4

N10 G00 X20 Z2

N15 G01 Z0

N20 G01 X30 Z－10 RN－5

N25 X60 Z－15

N30 X80 Z－30

N35 X90 Z－50 RN7

N40 X110

N45 G00 X140 Z40

N50 M30

3. G81 粗加工循环（三）

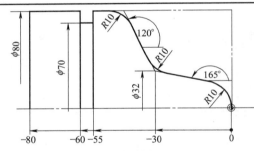

技术数据

换刀点 TCP	X140，Z40
线速度	210m/min
进给速度	0.3mm/r
切削层深度	轮廓加工
刀具	粗加工车刀

N01 G90 G54 G00 X140 Z40

N03 G96 S210 G92 S3200

N05 T1 F0.3 M4

N10 G00 X0 Z2

N15 G01 Z0

N20 G01 X15.924 RN10

N25 X32 Z－30 AS165 RN10

N30 X80 AS120 RN10

N40 G00 X140 Z40

N45 M30

N35 Z－80

第三章
数控车削编程应用项目

本章以九个项目，循序渐进、较全面地讲解了 PAL 数控车削编程，同时与 SINUMERIK 810/840D 数控系统车削编程对比，以期达到举一反三的效果。其中，项目七、八、九囊括了 PAL、SINUMERIK 810/840D 、FANUC 0i、HASS、HNC 21T、GSK 988T 数控系统的数控车削程序，在多种数控系统编程的对比中，让读者全面掌握数控车削编程的规律，轻松面对新的数控系统编程。另外，数控程序中的切削用量参考自德国的数控刀具及机床，在实际生产或实训中，请根据实际所使用的刀具及机床调整切削参数。

本章的九个项目数控加工仿真完成后的三维模型如下：

项目一　直线轮廓外圆车削　　项目二　圆弧轮廓外圆车削　　项目三　内外圆车削

项目四　综合车削(一)　　项目五　综合车削(二)　　项目六　综合车削(三)

项目七　综合车削(四)　　项目八　综合车削(五)　　项目九　多数控系统编程对比

项目一　直线轮廓外圆车削

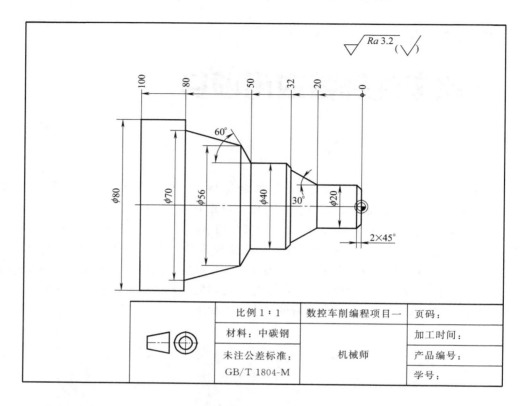

	比例 1:1	数控车削编程项目一	页码：
	材料：中碳钢		加工时间：
	未注公差标准：	机械师	产品编号：
	GB/T 1804-M		学号：

学习目的：（1）理解车削加工数控程序的结构；

（2）掌握基本指令（G0、G1、G41、G42、G40）、复合循环指令（径向分层粗车指令 G81、结束循环指令 G80、调用程序指令 G23）、其他指令（G54、G92、G97、G14、T、S、M、F）；

（3）掌握外圆粗精车削加工编程的方法。

学习重点：（1）车削加工数控程序的结构；

（2）G0、G1、G81、G23、G41、G42、G40 指令。

1. 数控车削加工工艺

材料：中碳钢	毛坯：$\phi80\times102$			程序号：	
刀具表					
刀具号	T1	T3	T5	T7	T9
刀尖圆角半径/mm	0.8	0.8	0.4		
切削速度/(m/min)	200	240	300		
最大吃刀量 a_p/mm	2.5	2.5	1.5		
刀具材料	P10	P10	P10		
每转进给量/(mm/r)	0.1～0.3	0.1～0.3	0.1～0.2		

续表

刀具表				
示意图	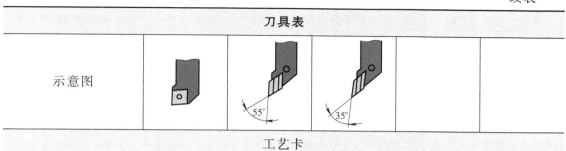			

工艺卡
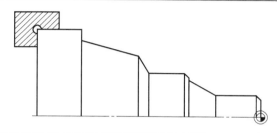

序号	内容	刀具	备注
1	检查毛坯尺寸		
2	装夹毛坯		
3	设置工件坐标系零点		
4	车端面,轴向长度 100.1mm	T1	
5	粗车轮廓	T3	留余量:Z 向 0.1mm;X 向 0.5mm
6	精车轮廓	T5	
7	检测		
8	拆卸工件		

2. PAL 数控编程

程序	说明	工步示意图
N1 G54	设置工件坐标系零点	
N2 G92 S3000	设置最高主轴转速	
N3 G96 F0.3 S200 T1 M4	设置进给速度、切削速度、换 T1 号刀具、主轴反转	
N4 G0 X82 Z0 M8 N5 G1 X−1.6 N6 Z1 N7 G14 H0 M9	车端面	

续表

程序	说明	工步示意图
N8 G96 F0.3 S240 T3 M4	设置进给速率、切削速率、换 T3 号刀具、主轴反转	
N9 G0 X82 Z1 N10 G81 D2.5 AX0.4 AZ0.2 N11 G0 X14 N12 G1 X20 Z−2 M8 N13 Z−20 N14 Z−32 AS150 N15 X40 RN−2 N16 Z−50 N17 X56 AS120 N18 X70 Z−80 N19 X82 N20 G80 N21 G14 H0 M9	粗车外圆	
N22 G96 F0.2 S300 T5 M4	设置进给速率、切削速率、换 T5 号刀具、主轴反转	
N23 G42 N24 G0 X14 Z1 M8 N25 G23 N12 N19 N26 G40 N27 G14 H0 M9	精车外圆	
N28 M30	程序结束	

3. SINUMERIK 810D/840D 数控程序

程序	说明
%_N_ONE_MPF ; SINUMERIK 810D/840D ; TURRET：CA−16 G54	设置工件坐标系零点
LIMS=3000	设置最高主轴转速
; DAL80 T1 D1 G96 S200 F0.3 M4	设置进给速度、切削速度、换 T1 号刀具、主轴反转
G0 X82 Z0 M8 G1 X−1.6 G1 Z1 TCP1	车端面 调用子程序 TCP1 返回换刀点

续表

程序	说明
；DAL55 T3 D1 M4	设置进给速度、切削速度、换 T3 号刀具、主轴反转
G0 X82 Z1 M9 CYCLE95("CONTOUR1",2.5,0.2,0.4,, 0.3,0.1,,1) TCP1	粗车外圆
；DAL35 T5 D1 G96 S240 F0.1 M4	设置进给速度、切削速度、换 T5 号刀具、主轴反转
G42 CONTOUR1 G40 TCP1	精车外圆
M30	程序结束
％_N_CONTOUR1_SPF ;SUB：SINUMERIK 810D/840D ;FN：CONTOUR G18 G0 X14 Z1 M8 G1 X20 Z−2 G1 Z−20 G1 Z−32 ANG＝150 G1 X40 CHR＝2 G1 Z−50 G1 X56 ANG＝120 G1 X70 Z−80 G1 X82 M17	子程序

回参考点子程序，本章多处用到，以后不再赘述

％_N_TCP1_SPF ；SUB ：SINUMERIK 810D/840D C ;FN ：GOTO TCP G18 DIAMON G40 G90 M9 G97 T0 D0 S0 G0 X250 Z200 M17	％_N_TCP2_SPF ；SUB ：SINUMERIK 810D/840D C ;FN ：GOTO TCP G18 DIAMON G40 G90 M9 G97 T0 D0 S0 G0 X250 Z200 M17	％_N_TCP3_SPF ；SUB ：SINUMERIK 810D/ 840D C ;FN ：GOTO TCP G18 DIAMON G40 G90 M9 G97 T0 D0 S0 G0 Z200 X250 M17

4. FANUC 0i 数控程序

程序	说明
% O001 （ FANUC 0i－TB ） （ TURRET：CA－16 ） G54	设置工件坐标系零点
G50 S3000	设置最高主轴转速
（ DAL80 ） G96 S200 T0101 M4	设置进给速度、切削速度、换 T1 号刀具、主轴反转
G0 X82.0 Z0.0 M8 G1 X－1.6 F0.3 Z1.0 G28 U0.W0.	车端面
（ DAL55 ） G96 S200 T0303 M4	设置进给速度、切削速度、换 T3 号刀具、主轴反转
G0 X82.0 Z1.0 G71 U2. R1. G71 P20 Q30 U0.4 W0.2 F0.3 G28 U0.W0.	粗车外圆
（ DAL35 ） G96 S240 T0505 M4	设置进给速度、切削速度、换 T5 号刀具、主轴反转
G42 N10 G0 X14.Z1. M8 G1 X20.Z－2.F0.1 Z－20. Z－32. A150. X40. C2. Z－50. X56. A120. X70. Z－80. N20 X82. M9 G40 G28 U0.W0.	精车外圆
M30	程序结束

项目二　圆弧轮廓外圆车削

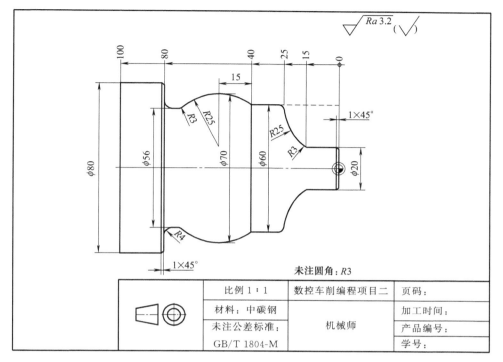

比例 1：1	数控车削编程项目二	页码：
材料：中碳钢		加工时间：
未注公差标准：	机械师	产品编号：
GB/T 1804-M		学号：

学习目的：（1）进一步熟悉车削加工数控程序的结构；

（2）巩固基本指令（G0、G1、G41、G42、G40）、复合循环指令（G81、G80、G23）、其他指令（G54、G92、G97、G14、T、S、M、F）；

（3）熟练运用外圆粗精车削加工编程的方法；

（4）掌握基本指令（G2、G3）。

学习重点：（1）车削加工数控程序的结构；

（2）G2、G3 指令。

1. 数控车削加工工艺

材料：中碳钢		毛坯：φ80×102			程序号：	
刀具表						
刀具号	T1	T3	T5	T7	T9	T11
刀尖圆角半径/mm	0.8	0.8	0.4			
切削速度/（m/min）	200	240	300			
最大吃刀量 a_p/mm	2.5	2.5	1.5			
刀具材料	P10	P10	P10			
每转进给量/（mm/r）	0.1～0.3	0.1～0.3	0.1～0.2			

续表

刀具表					
示意图	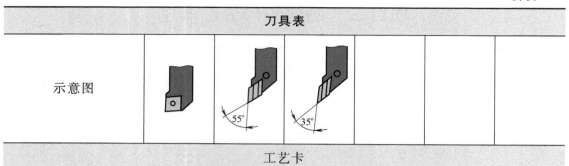				

工艺卡

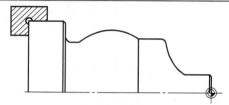

序号	内容	刀具	备注
1	检查毛坯尺寸		
2	装夹毛坯		
3	设置工件坐标系零点		
4	车端面，轴向长度 100.1mm	T1	
5	粗车轮廓	T3	留余量：Z 向 0.1；X 向 0.5
6	精车轮廓	T5	
7	检测		
8	拆卸工件		

2. PAL 数控程序

程序	说明	工序示意图
N1 G54	设置工件坐标系零点	
N2 G92 S3000	设置最高主轴转速	
N3 G96 F0.3 S200 T1 M4	设置进给速度、切削速度、换 T1 号刀具、主轴反转	
N4 G0 X82 Z0 M8 N5 G1 X−1.6 N6 Z1 N7 G14 H0 M9	车端面	

续表

程序	说明	工序示意图
N8 G96 F0.3 S240 T3 M4	设置进给速度、切削速度、换 T3 号刀具、主轴反转	
N9 G0 X82 Z1 N10 G81 D2.5 AX0.4 AZ0.2 N11 G0 X16 N12 G1 X20 Z−1 M8 N13 Z−15 RN3 N14 G2 X60 Z−25 I20 K15 RN3 N15 G1 Z−40 N16 G3 X56 I−20 K−15 RN3 O1 N17 G1 Z−80 RN4 N18 X78 N19 X82 AS135 N20 G80 N21 G14 H0 M9	粗车外圆	
N22 G96 F0.2 S300 T5 M4	设置进给速度、切削速度、换 T5 号刀具、主轴反转	
N23 G42 N24 G0 X16 Z1 M8 N25 G23 N12 N19 N26 G40 N27 G14 H0 M9	精车外圆	
N28 M30	程序结束	

3. SINUMERIK 810D/840D 数控程序

程序	说明
%_N_TWO_MPF ; SINUMERIK 810D/840D ; TURRET：CA−16 G54	设置工件坐标系零点
LIMS＝3000	设置最高主轴转速
; DAL80 G96 F0.3 S200 T1 D1 M4	设置进给速度、切削速度、换 T1 号刀具、主轴反转
G0 X82 Z0 M8 G1 X−1.6 G1 Z1 TCP1	车端面

续表

程序	说明
; DAL55 G96 F0. 3 S200 T3 D1 M4	设置进给速度、切削速度、换 T3 号刀具、主轴反转
G0 X82 Z1 M8 CYCLE95("CONTOUR2",2.5,0.2,0.4,, 0.3,0.1,,1) TCP2	粗车外圆
; DAL35 G96 F0. 1 S240 T5 D1 M4	设置进给速度、切削速度、换 T5 号刀具、主轴反转
G0 X82 Z1 M8 G42 CONTOUR2 G40 TCP1	精车外圆
M30	程序结束
%_N_CONTOUR2_SPF ;SUB　: SINUMERIK 810D/840D ;FN　　: CONTOUR G18 G0 X16 Z1 M8 G1 X20 Z−1 G1 Z−13. 964 G2 X21. 364 Z−15. 868 I3 K0 G2 X54. 643 Z−24. 856 I19. 318 K15. 868 G3 X60 Z−27. 839 I−0. 321 K−2. 983 G1 Z−40 G3 X57. 5 Z−71. 536 I−20 K−15 G2 X56 Z−73. 52 I2. 25 K−1. 984 G1 Z−76 G2 X64 Z−80 I4 K0 G1 X78 G1 X82 Z−82 M17	外轮廓精加工子程序

4. FANUC 0i 数控程序

程序	说明
% O02 (FANUC 0i−TB) (TURRET：CA−16) G54	设置工件坐标系零点

续表

程序	说明
G50 S3000	设置最高主轴转速
（DAL80） G96 S200 T0101 M4	设置进给速度、切削速度、换 T1 号刀具、主轴反转
G0 X82. Z0. M8 G1 X－1.6 F0.3 Z1. G28 U0. W0. M9	车端面
（DAL55） G96 S200 T0303 M4	设置进给速度、切削速度、换 T3 号刀具、主轴反转
G0 X82. Z1. M8 G71 U2. R1. G71 P10 Q20 U0.4 W0.2 F0.3 G28 U0. W0. M9	粗车外圆
（DAL35） G96 S240 T0505 M4	设置进给速度、切削速度、换 T5 号刀具、主轴反转
G42 N10 G0 X16. Z1. M8 G1 X20. Z－1. F0.1 Z－13.964 G2 X21.364 Z－15.868 I3. K0. X54.643 Z－24.856 I19.318 K15.868 G3 X60. Z－27.839 I－0.321 K－2.983 G1 Z－40. G3 X57.5 Z－71.536 I－20. K－15. G2 X56. Z－73.52 I2.25 K－1.984 G1 Z－76. G2 X64. Z－80. I4. K0. G1 X78. N20 X82. Z－82. M9 G40 G28 U0. W0.	精车外圆
M30 %	程序结束

项目三　内外圆车削

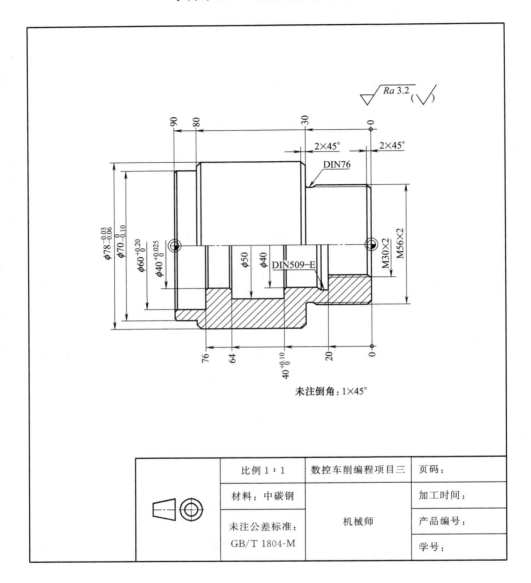

比例 1：1	数控车削编程项目三	页码：
材料：中碳钢	机械师	加工时间：
未注公差标准：GB/T 1804-M		产品编号：
		学号：

　　学习目的：（1）熟悉掌握车削加工数控程序的结构；

　　（2）巩固基本指令、复合循环指令及其他指令；

　　（3）熟练运用外圆、内孔粗精车削加工编程的方法；

　　（4）掌握复合循环指令（钻孔指令 G84、车退刀槽 G85、自由车槽指令 G86、车螺纹 G31）。

　　学习重点：（1）内孔加工；

　　（2）尺寸精度的保证；

　　（3）G84、G85、G86、G31 指令。

1. 数控车削加工工艺

材料：中碳钢		毛坯：$\phi 80 \times 100$		程序号：	
刀具表					
刀具号	T1	T3	T5	T7	T9	T11
刀尖圆角半径/mm	0.8	0.8	0.4			
切削速度/（m/min）	200	240	300	120		
最大吃刀量 a_p/mm	2.5	2.5	1.5	0.5		
刀具材料	P10	P10	P10	P10		
每转进给量/（mm/r）	0.1～0.3	0.1～0.3	0.1～0.2	0.1～0.2		
示意图		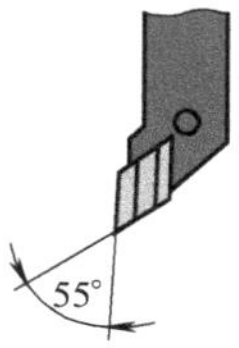	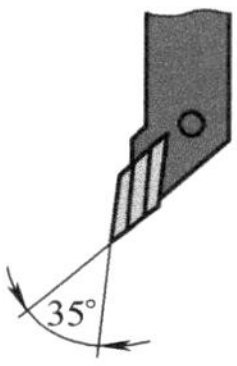			
刀具号	T2	T4	T6	T8	T10	T12
图示 Q 值/mm	16	16	16	16	20	
刀尖圆角半径/mm	0.8	0.4	0.4	0.2		
切削速度/（m/min）	180	220	120	140	120	
最大吃刀量 a_p/mm	2.5	1.5	0.5	0.5		
刀具材料	P10	P10	P10	P10	P10	
每转进给量/（mm/r）	0.1～0.2	0.05～0.1	0.05～0.1	0.05～0.1	0.1～0.2	
示意图	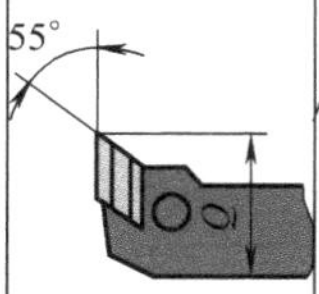	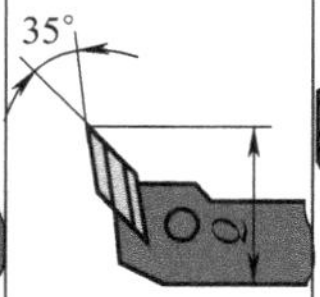	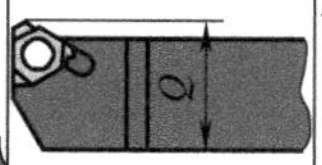	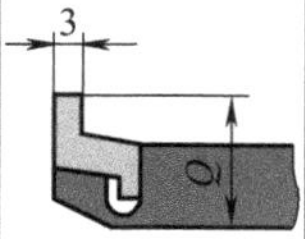	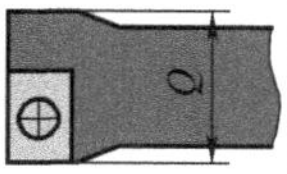	
工艺卡						

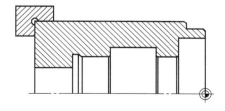

续表

序号	内容	刀具	备注
1	检查毛坯尺寸		
2	装夹毛坯		
3	设置工件坐标系零点		
4	车端面,轴向长度 101.1mm	T1	
5	钻 $\phi 20$ 通孔	T10	
6	粗车外圆	T3	留余量:Z 向 0.1;X 向 0.5
7	粗车内孔	T2	留余量:Z 向 0.1;X 向 0.5
8	精车内孔	T4	
9	车内槽	T8	
10	精车外圆	T5	
11	检测		
12	拆卸工件		

序号	内容	刀具	备注
1	检查毛坯尺寸		
2	调头装夹毛坯		
3	设置工件坐标系零点		
4	车端面,轴向长度 100mm	T1	
5	粗车外圆	T3	留余量:Z 向 0.1;X 向 0.5
6	粗车内孔	T2	留余量:Z 向 0.1;X 向 0.5
7	精车内孔	T4	
8	精车外圆	T5	
9	车内螺纹	T6	M30×2
10	车外螺纹	T7	M56×2
11	检测		
12	拆卸工件		

2. PAL 数控程序

程序	说明	工序示意图
N1 G54	设置工件坐标系零点	
N2 G92 S3000	设置最高主轴转速	
N3 G96 F0.3 S200 T1 M4	设置进给速度、切削速度、换 T1 号刀具、主轴反转	
N4 G0 X82 Z0.1 M8 N5 G1 X20 N6 Z1 N7 G14 H0 M9	车端面	
N8 G97 F0.18 S1910 T10 M3	设置进给速度、主轴恒转速、换 T10 号刀具、主轴正转	
N9 G0 X0 Z2 N10 G84 ZA−91 D10 R2 M8 N11 G14 H2 M9	钻孔	
N12 G96 F0.3 S240 T3 M4	设置进给速度、切削速度、换 T3 号刀具、主轴反转	
N13 G0 X82 Z1 N14 G81 D2.5 AX0.5 AZ0.1 H2 M8 N15 G0 X68 Z1 N16 G1 X69.95 AS135 N17 Z−10 N18 X77.955 RN−1 N19 Z−60 N20 X82 N21 G80 N22 G14 H0 M9	粗车外圆	
N23 G96 E0.05 F0.2 S180 T2 M4	设置进给速度、切削速度、换 T2 号刀具、主轴反转	

续表

程序	说明	工序示意图
N24 G0 X23 Z1 N25 G81 D1.5 H2 AX−0.5 AZ0.1 N26 G0 X60.1 N27 G1 Z−14 N28 X40.012 RN−1 N29 G85 XA40.012 ZA−70 I1.15 K5 H1 N30 G1 X23 N31 G80 N32 G14 H2 M9	粗车内孔	
N33 G96 F0.1 S220 T4 M4	设置进给速度、切削速度、换 T4 号刀具、主轴反转	
N34 G41 N35 G0 X60.1 Z1 M8 N36 G23 N27 N30 N37 G40 N38 G14 H2 M9	精车内孔	
N39 G96 F0.1 S140 T8 M4	设置进给速度、切削速度、换 T8 号刀具、主轴反转	
N40 G0 X38 Z2 M8 N41 G86 XA40.012 ZA−49.9 ET50 EB24.1 RO−1 D2 AK0.2 EP1 H14 V2 N42 G0 X38 N43 G14 H2 M9	车内槽	
N44 G96 F0.2 S300 T5 M4	设置进给速度、切削速度、换 T5 号刀具、主轴反转	
N45 G42 N46 G0 X68 Z1 M8 N47 G23 N16 N20 N48 G40 N49 G14 H0 M9	精车外圆	
N50 M999	掉头	

续表

程序	说明	工序示意图
N51 G55	设置工件坐标系零点	
N52 G92 S3000	设置最高主轴转速	
N53 G96 F0. 3 S200 T1 M4	设置进给速度、切削速度、换 T1 号刀具、主轴反转	
N54 G0 X82 Z0 M8 N55 G1 X23 N56 Z2 N57 G14 H0 M9	车端面	
N58 G96 F0. 3 S240 T3 M4	设置进给速度、切削速度、换 T3 号刀具、主轴反转	
N59 G0 X82 Z1 N60 G81 D2. 5 H2 AX0. 5 AZ0. 1 N61 G0 X50 N62 G1 X56 Z－2 N63 G85 XA56 ZA－30 I1. 15 K5 H1 N64 G1 X74 N65 X82 AS135 N66 G80 N67 G14 H0 M9	粗车外圆	
N68 G96 E0. 05 F0. 2 S180 T2 M4	设置进给速度、切削速度、换 T2 号刀具、主轴反转	
N69 G0 X23 Z1 N70 G81 D1. 5 H2 AX－0. 5 AZ0. 1 N71 G0 X27. 402 N72 G1 Z－22 N73 G80 N74 G14 H2 M9	粗车内孔	
N75 G96 F0. 1 S220 T4 M4	设置进给速度、切削速度、换 T4 号刀具、主轴反转	

续表

程序	说明	工序示意图
N76 G41 N77 G0 X27.402 Z1 M8 N78 G1 Z-22 N79 G40 N80 G0 X23 N81 G14 H2 M9	精车内孔	
N82 G96 F0.1 S300 T5 M4	设置进给速度、切削速度、换 T5 号刀具、主轴反转	
N83 G42 N84 G0 X50 Z1 M8 N85 G23 N62 N65 N86 G40 N87 G14 H0 M9	精车外圆	
N88 G97 S1590 T6 M4	设置进给速度、主轴恒转速、换 T6 号刀具、主轴反转	
N89 G0 X27.402 Z6 N90 G31 XA27.402 ZA-24 F2 D1.227 Q8 O1 M8 N91 G14 H0 M9	车内螺纹	
N92 G97 S1590 T7 M4	设置进给速度、主轴恒转速、换 T7 号刀具、主轴反转	
N93 G0 X56 Z6 N94 G31 XA56 ZA-28 F2 D1.227 Q8 O1 M8 N95 G14 H0 M9	车外螺纹	
N96 M30	程序结束	

3. SINUMERIK 810D/840D 数控程序

程序	说明
%_N_THREE_MPF ; SINUMERIK 810D/840D ; TURRET: CA－16 G54	设置工件坐标系零点
LIMS＝3000	设置最高主轴转速
; DAL80 T1 D1 G97 S200 F0.3 M4	设置进给速度、切削速度、换 T1 号刀具、主轴反转
G0 X82 Z0.1 M8 G1 X20 G1 Z1 TCP1	车端面
; VBO24 T12 D1 G97 S1910 F0.18 M3	设置进给速度、主轴恒转速、换 T10 号刀具、主轴正转
G0 X0 Z2 M8 CYCLE83(2,1,1,－91,,,10,0,,,,0,,10,0,0,0) M8 TCP3	钻孔
; DAL55 T3 D1 G96 S240 F0.3 M4	设置进给速度、切削速度、换 T3 号刀具、主轴反转
G0 X82 Z1 M8 CYCLE95 ("CT31",2.5,0.2,0.4,,0.3,0.1,0.1,9) TCP3	粗车外圆
; DIL55 T2 D1 G96 S180 F0.2 M4	设置进给速度、切削速度、换 T2 号刀具、主轴反转
G0 X23 Z1 CYCLE95 ("CT32",2.5,0.2,0.4,,0.3,0.1,0.1,11)	粗车内孔
; DIL35 T4 D1 G96 S220 F0.1 M4	设置进给速度、切削速度、换 T4 号刀具、主轴反转
G0 X23 Z1 M8 G41 CT32 G40 TCP3	精车内孔

程序	说明
; SIL3 T8 D1 G96 S140 M4	设置进给速度、切削速度、换 T8 号刀具、主轴反转
G0 X38 Z2 M8 CYCLE93（40，−49.95，24.1，5，，，，−0.5， −0.5，，，0.2，0.2，3，，13） TCP3	车内槽
; DAL35 T5 D1 G96 S300 M4	设置进给速度、切削速度、换 T5 号刀具、主轴反转
G0 X82 Z1 M8 G42 CT31 G40 TCP1	精车外圆
M999	掉头
G55	设置工件坐标系零点
; DAL80 T1 D1 G96 S200 M4	设置进给速度、切削速度、换 T1 号刀具、主轴反转
G0 X82 Z0 M8 G1 X23 G1 Z2 TCP1	车端面
; DAL55 T3 D1 F0.3 M4	设置进给速度、切削速度、换 T3 号刀具、主轴反转
G0 X82 Z1 M8 CYCLE95（"CT33"，2.5，0.2，0.4，，0.3， 0.1，0.1，9） TCP1	粗车外圆
; DIL55 T2 D1 G96 S180 F0.2 M4	设置进给速度、切削速度、换 T2 号刀具、主轴反转
G0 X23 Z1 M8 CYCLE95（"CT34"，2.5，0.2，0.4，，0.3， 0.1，0.1，11） TCP3	粗车内孔
; DIL35 T4 D1 G96 S220 F0.1 M4	设置进给速度、切削速度、换 T4 号刀具、主轴反转

续表

程序	说明
G0 X23 Z1 M8 G41 CT34 G40 TCP3	精车内孔
; DAL35 T5 D1 G96 S300 F0.1 M4	设置进给速度、切削速度、换 T5 号刀具、主轴反转
G0 X82 Z1 M8 G42 CT33 G40 TCP1	精车外圆
; GIL_2 T6 D1 G97 S1590 M4	设置进给速度、主轴恒转速、换 T6 号刀具、主轴反转
G0 X25 Z6 M8 CYCLE97(2,,6,-24,27.402,27.402,,,1.227,,0,,4,1,4) TCP1	车内螺纹
DG3；GAL_2 T7 D1 G97 S1590 M4	设置进给速度、主轴恒转速、换 T7 号刀具、主轴反转
G0 X56 Z6 M8 CYCLE97(2,,6,-37.5,56,56,,,1.227,,0,,4,1,3) TCP1	车外螺纹
M30	程序结束

轮廓加工子程序

%_N_CT31_SPF ; SUB : SINUMERIK 810D/840D ;FN : CONTOUR G18 G0 X68 Z1 M8 G1 Z0 G1 X69.95 G1 Z-10 G1 X77.955 CHR=1 G1 Z-60 G1 X82 M17	%_N_CT32_SPF ; SUB : SINUMERIK 810D/840D ;FN : CONTOUR G18 G0 X60.1 Z1 M8 G1 Z-14 G1 X40.012 CHR=1 G1 Z-65 G1 X42.098 Z-66.806 G3 X42.312 Z-67.206 I-0.693 K-0.4 G1 Z-69.2 G3 X40.712 Z-70 I-0.8 K0 G1 X40.012 G1 X23 M17	%_N_CT33_SPF ; SUB : SINUMERIK 810D/840D ;FN : CONTOUR G18 G0 X50 Z1 M8 G1 X56 Z-2 G1 Z-25 G1 X53.914 Z-26.806 F0.1 G2 X53.7 Z-27.206 I0.693 K-0.4 G1 Z-29.2 G2 X55.3 Z-30 I0.8 K0 G1 X56 G1 X74 G1 X82 Z-34 M17

续表

程序	说明
%_N_CT34_SPF ;SUB : SINUMERIK 810D/840D ;FN : CONTOUR G18 G0 X27.402 Z1 M8 G1 Z-22 M17	

项目四　综合车削（一）

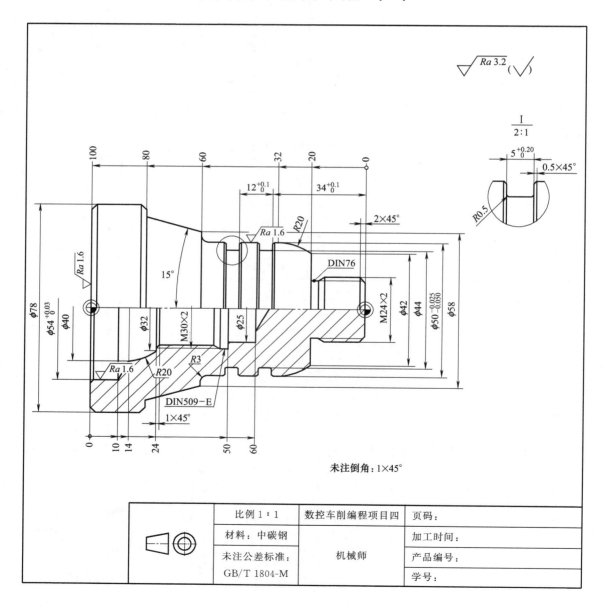

未注倒角：1×45°

	比例 1∶1	数控车削编程项目四	页码：
	材料：中碳钢	机械师	加工时间：
	未注公差标准： GB/T 1804-M		产品编号：
			学号：

学习目的：（1）熟悉掌握车削加工数控程序的结构；

（2）巩固基本指令、复合循环指令及其他指令；

（3）熟练运用外圆、内孔粗精车削加工编程的方法；

（4）巩固复合循环指令（钻孔指令 G84、车退刀槽 G85、自由车槽指令 G86）；

（5）巩固内外螺纹车削（车螺纹 G31）。

学习重点：（1）尺寸精度的保证；

（2）车螺纹。

1. 数控车削加工工艺

材料：中碳钢		毛坯：$\phi 80 \times 102$		程序号：	
刀具表					
刀具号	T1	T3	T5	T7	T9	T11
刀尖圆角半径/mm	0.8	0.8	0.4		0.2	
切削速度/(m/min)	200	240	300	120	120	
最大吃刀量 a_p/mm	2.5	2.5	1.5	0.5	2	
刀具材料	P10	P10	P10	P10	P10	
每转进给量/(mm/r)	0.1～0.3	0.1～0.3	0.1～0.2	0.1～0.2	0.1～0.2	
示意图		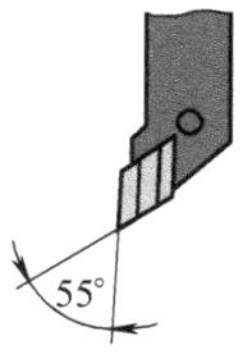 55°	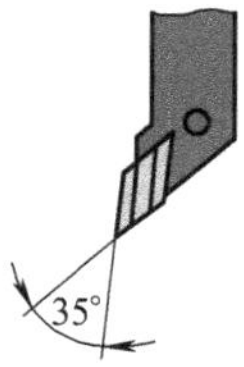 35°	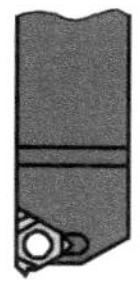	 3	
刀具号	T2	T4	T6	T8	T10	T12
图示 Q 值/mm	16	16	16		20	
刀尖圆角半径/mm	0.8	0.4	0.4			
切削速度/(m/min)	180	220	120		120	
最大吃刀量 a_p/mm	2.5	1.5	0.5			
刀具材料	P10	P10	P10		P10	
每转进给量/(mm/r)	0.1～0.2	0.05～0.1	0.05～0.1		0.1～0.2	
示意图	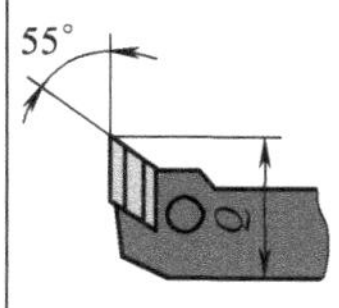 55°	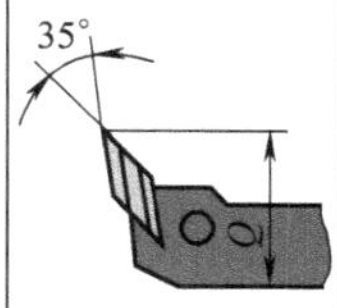 35°	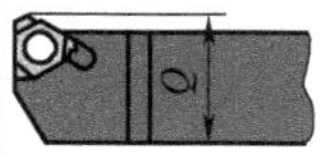		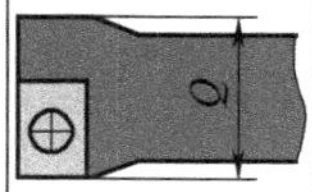	

续表

工艺卡

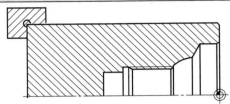

序号	内容	刀具	备注
1	检查毛坯尺寸		
2	装夹毛坯		
3	设置工件坐标系零点		
4	车端面,轴向长度 101.1mm	T1	
5	粗车外圆		留余量:Z 向 0.1;X 向 0.2
6	钻 $\phi 20$ 孔,深 60	T10	
7	粗车内孔	T2	留余量:Z 向 0.1;X 向 0.5
8	精车外圆	T5	
9	精车内孔	T4	
10	车内螺纹	T6	
11	检测		
12	拆卸工件		

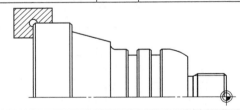

序号	内容	刀具	备注
1	检查毛坯尺寸		
2	调头装夹毛坯		
3	设置工件坐标系零点		
4	车端面,轴向长度 100mm	T1	
5	粗车外圆	T3	留余量:Z 向 0.1;X 向 0.5
6	精车外圆	T5	

续表

序号	内容	刀具	备注
7	车外螺纹	T7	
8	车外槽	T9	
9	检测		
10	拆卸工件		

2. PAL 数控程序

程序	说明	工序示意图
N1 G54	设置工件坐标系零点	
N2 G92 S3000	设置最高主轴转速	
N3 G96 F0.3 S200 T1 M4	设置进给速度、切削速度、换 T1 号刀具、主轴反转	
N4 G0 X82 Z0.1 M8 N5 G1 X23 N6 Z1 N7 G0 X74 N8 G1 Z0.1 N9 X78.2 RN−1 N10 Z−23 N11 X82 N12 G14 H0 M9	车端面 粗车外圆	
N13 G97 F0.15 S1920 T10 M3	设置进给速度、主轴恒转速、换 T10 号刀具、主轴正转	
N14 G0 X0 Z3 M8 N15 G84 ZA−60 U1 N16 G14 H0 M9	钻孔	
N17 G96 E0.05 F0.2 S180 T2 M4	设置进给速度、切削速度、换 T2 号刀具、主轴反转	

续表

程序	说明	工序示意图
N20 G0 X58.015 M8 N21 G1 X54.015 Z−1 N22 Z−10 N23 X40 Z−14 N24 G3 X32 Z−24 R20 N25 G1 X29.546 RN−1 N26 G85 XA29.546 ZA − 50 I1.3 K5 H1 N27 G1 X25 RN−0.5 N28 Z−60 N29 X24 N30 G80 N31 G14 H0 M9	粗车内孔	
N32 G96 F0.1 S300 T5 M4	设置进给速度、切削速度、换 T5 号刀具、主轴反转	
N33 G42 N34 G0 X52 Z1 M8 N35 G1 Z0 N36 G1 X78 RN−1 N37 Z−23 N38 X82 N39 G40 N40 G14 H0 M9	精车外圆	
N41 G96 F0.1 S220 T4 M4	设置进给速度、切削速度、换 T4 号刀具、主轴反转	
N42 G41 N43 G0 X58.015 Z1 M8 N44 G23 N21 N29 N45 G40 N46 G14 H2 M9	精车内孔	
N47 G97 S1060 T6 M4	设置进给速度、主轴恒转速、换 T6 号刀具、主轴反转	

续表

程序	说明	工序示意图
N48 G0 X29.546 Z2 N49 G31 XA29.546 ZA－47.5 D1.227 Q8 F2 M8 N50 G14 H2 M9	车内螺纹	
N51 M999	掉头	
N52 G55	设置工件坐标系零点	
N53 G92 S3000	设置最高主轴转速	
N54 G96 F0.3 S240 T1 M4	设置进给速度、切削速度、换 T1 号刀具、主轴反转	
N55 G0 X82 Z0 M8 N56 G1 X－1.6 N57 G14 H0 M9	车端面	
N58 G96 F0.3 S240 T3 M4	设置进给速度、切削速度、换 T3 号刀具、主轴反转	
N59 G0 X82 Z1 M8 N60 G81 D2.5 H2 AZ0.1 AX0.5 N61 G0 X20 N62 G1 X24 Z－1 N63 G85 XA24 ZA－20 I1.3 K5 H1 N64 G1 X41.963 N65 G3 X49.963 Z－32 R20 N66 G1 Z－60 RN3 N67 X58 N68 Z－80 AS165 N69 X76 N70 X82 AS135 N71 G80 N72 G14 H0 M9	粗车外圆	

程序	说明	工序示意图
N73 G96 F0.1 S300 T5 M4	设置进给速度、切削速度、换 T5 号刀具、主轴反转	
N74 G42 N75 G0 X20 Z2 M8 N76 G23 N62 N70 N77 G40 N78 G14 H0 M9	精车外圆	
N79 G97 S1590 T7 M4	设置进给速度、主轴恒转速、换 T7 号刀具、主轴反转	
N80 G0 X24 Z6 N81 G31 XA24 ZA－17.5 F2 D1.227 Q8 O1 M8 N82 G14 H0 M9	车外螺纹	
N83 G96 G95 F0.15 S120 T9 M4	设置进给速度、切削速度、换 T9 号刀具、主轴反转	
N84 G86 XA50 ZA － 34.05 ET44 EB5.006 RO－0.5 RU0.5 D2 AK0.2 EP1 H14 M8 N85 G86 XA50 ZA － 46.05 ET44 EB5.006 RO－0.5 RU0.5 D2 AK0.2 EP1 H14 M8 N86 G14 H0 M9	车外槽	
N87 M30	程序结束	

3. SINUMERIK 810D/840D 数控程序

程序	说明
%_N_FOUR_MPF ; SINUMERIK 810D/840D ; TURRET：CA－16 G54	设置工件坐标系零点

续表

程序	说明
LIMS=3000	设置最高主轴转速
; DAL80 T1 D1 G96 S200 F0. 3 M4	设置进给速度、切削速度、换 T1 号刀具、主轴反转
G0 X82 Z0. 1 M8 G1 X23 G1 Z1 G0 X74 G1 Z0. 1 G1 X78. 2 CHR1. G1 Z－23 G1 X82 TCP1	车端面 粗车外圆
; VBO24 T10 D1 G97 S1920 F0. 15 M3	设置进给速度、主轴恒转速、换 T10 号刀具、主轴正转
G0 X0 Z3 M8 CYCLE82(3,2,1,－60,,1) TCP1	钻孔
; DIL55 T2 D1 G96 S220 F0. 2 M4	设置进给速度、切削速度、换 T2 号刀具、主轴反转
G0 X23 Z1 M8 CYCLE95（"CT41",2. 5,0. 2,0. 4,,0. 3, 0. 1,0. 1,11） TCP1	粗车内孔
; DAL55 T5 D1 G96 S300 F0. 1 M4	设置进给速度、切削速度、换 T5 号刀具、主轴反转
G42 G0 X52 Z1 M8 G1 Z0 G1 X78 CHR1. G1 Z－23 G1 X82 G40 TCP1	精车外圆
; DIL35 T4 D1 G96 S220 M4	设置进给速度、切削速度、换 T4 号刀具、主轴反转

续表

程序	说明
G0 X23 Z1 M8 G41 CT41 G40 TCP3	精车内孔
; GIL_2 T6 D1 G97 S1060 M4	设置进给速度、主轴恒转速、换 T6 号刀具、主轴反转
G0 X27.546 Z2 M8 CYCLE97(2,,−18,−47.5,27.546,27.546,,,1.227,,0,,4,1,2) TCP3	车内螺纹
M999	掉头
N52 G55	设置工件坐标系零点
; DAL80 T1 D1 G96 S200 F0.3 M4	设置进给速度、切削速度、换 T1 号刀具、主轴反转
G0 X82 Z0 M8 G1 X−1.6 TCP1	车端面
; DAL55 T3 D1 G96 S240 F0.3 M4	设置进给速度、切削速度、换 T3 号刀具、主轴反转
G0 X82 Z1 M8 CYCLE95（"CT42",2.5,0.2,0.4,,0.3,0.1,0.1,9) TCP1	粗车外圆
; DAL35 T5 D1 G96 S300 F0.1 M4	设置进给速度、切削速度、换 T5 号刀具、主轴反转
G0 X82 Z1 M8 G42 CT42 G40 TCP1	精车外圆
; GAL_2 T7 D1 G97 S790 M4	设置进给速度、主轴恒转速、换 T7 号刀具、主轴反转
G0 X24 Z6 M9 CYCLE97(2,,6,−17.5,24,24,,,1.227,,0,,4,1,1) TCP1	车外螺纹

续表

程序	说明
；SAL3 T9 D1 G96 S120 F0.15 M4	设置进给速度、切削速度、换 T9 号刀具、主轴反转
G0 X52 Z－34.05 M9 CYCLE93(50,－34.05,5.1,3,,,,－0.5,－0.5, 0.5,0.5,0.2,0.2,3,,15) CYCLE93(50,－46.1,5.1,3,,,,－0.5,－0.5, 0.5,0.5,0.2,0.2,3,,15) TCP1	车外槽
M30	程序结束

轮廓精加工子程序

％_N_CT41_SPF ;SUB　 : SINUMERIK 810D/840D ;FN　 : CONTOUR G18 G0 X58.015 Z1 M8 G1 X54.015 Z－1 G1 Z－10 G1 X40 Z－14 G3 X32 Z－24 I－19.884 K2.153 G1 X31.546 G1 X29.546 Z－25 G1 Z－45 G1 G96 X31.878 Z－47.02 F0.1 S220 G3 X32.146 Z－47.52 I－0.866 K－0.5 G1 Z－49 G3 X30.146 Z－50 I－1 K0 G1 X29.546 G1 X26 G1 X25 Z－50.5 G1 Z－60 G1 X24 M17	％_N_CT42_SPF ;SUB　 : SINUMERIK 810D/840D ;FN　　 : CONTOUR G18 G0 X20 Z2 M8 G1 X24 Z－1 G1 Z－15 G1 X21.668 Z－17.02 G2 X21.4 Z－17.52 I0.866 K－0.5 G1 Z－19 G2 X23.4 Z－20 I1 K0 G1 X24 G1 X41.963 G3 X49.963 Z－32 I－16 K－12 G1 Z－57 G2 X55.963 Z－60 I3 K0 G1 X58 G1 X68.718 Z－80 G1 X76 G1 X82 Z－83 M17

项目五　综合车削（二）

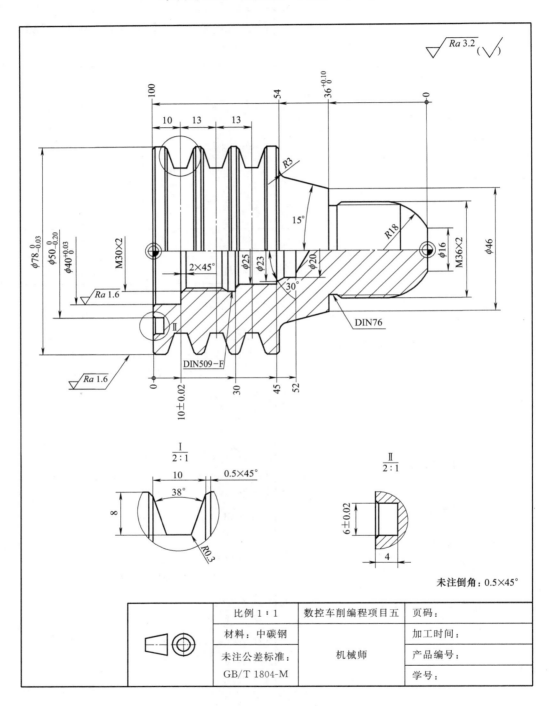

学习目的：（1）熟悉掌握车削加工数控程序的结构；

（2）巩固基本指令、复合循环指令及其他指令；

（3）熟练运用外圆、内孔粗精车削加工编程的方法；

（4）巩固复合循环指令（钻孔指令 G84、车退刀槽 G85、自由车槽指令 G86）；

（5）巩固内外螺纹车削（车螺纹 G31）；

（6）掌握端面车槽指令 G88。

学习重点：（1）尺寸精度的保证；

（2）外槽及端面槽车削；

（3）车螺纹。

1. 数控车削加工工艺

材料:中碳钢		毛坯:ϕ80×102		程序号:	
刀具表					
刀具号	T1	T3	T5	T7	T9	T11
刀尖圆角半径/mm	0.8	0.8	0.4		0.2	0.2
切削速度/(m/min)	200	240	300	120	120	120
最大吃刀量 a_p/mm	2.5	2.5	1.5	0.5	2	2
刀具材料	P10	P10	P10	P10	P10	P10
每转进给量/(mm/r)	0.1~0.3	0.1~0.3	0.1~0.2	0.1~0.2	0.1~0.2	0.05~0.1
示意图		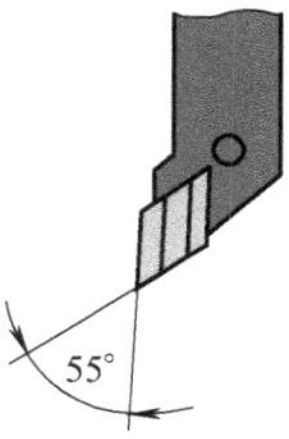	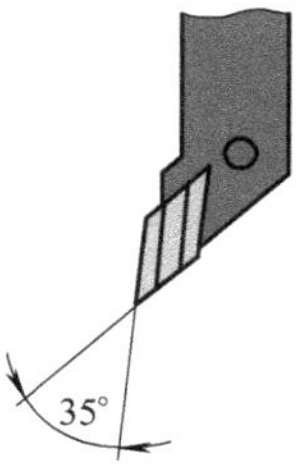	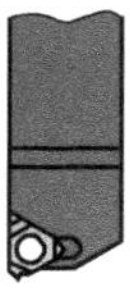		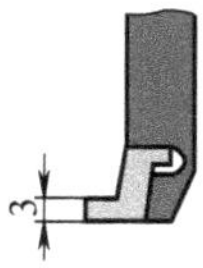
刀具号	T2	T4	T6	T8	T10	T12
图示 Q 值/mm	16	16	16		20	
刀尖圆角半径/mm	0.8	0.4	0.4			
切削速度/(m/min)	180	220	120		120	
最大吃刀量 a_p/mm	2.5	1.5	0.5			
刀具材料	P10	P10	P10		P10	
每转进给量/(mm/r)	0.1~0.2	0.05~0.1	0.05~0.1		0.1~0.2	
示意图	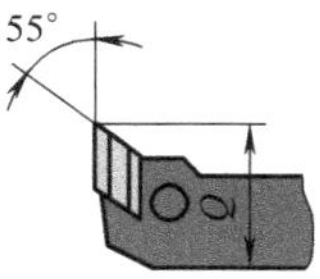	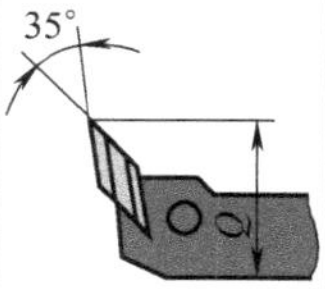	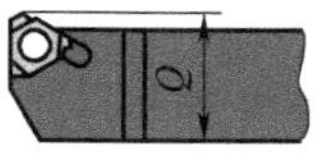		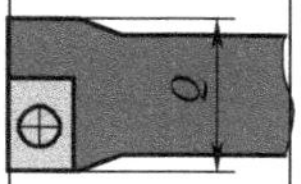	

续表

工艺卡

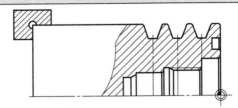

序号	内容	刀具	备注
1	检查毛坯尺寸		
2	装夹毛坯		
3	设置工件坐标系零点		
4	车端面,轴向长度 101.1mm	T1	
5	粗车外圆		留余量:Z 向 0.1;X 向 0.2
6	钻孔,深 54	T10	
7	粗车内孔	T2	留余量:Z 向 0.1;X 向 0.5
8	精车外圆	T5	
9	精车内孔	T4	
10	车内螺纹	T6	
11	车端面槽	T11	
12	车 V 形槽	T9	
13	检测		
14	拆卸工件		

序号	内容	刀具	备注
1	检查毛坯尺寸		
2	掉头装夹毛坯		
3	设置工件坐标系零点		
4	车端面,轴向长度 100mm	T1	

续表

序号	内容	刀具	备注
5	粗车外圆	T3	留余量:Z向0.1;X向0.5
6	精车外圆	T5	
7	车外螺纹	T7	
8	检测		
9	拆卸工件		

2. PAL 数控程序

程序	说明	工序示意图
N1 G54；	设置工件坐标系零点	
N2 G92 S3000	设置最高主轴转速	
N3 G96 F0.3 S200 T1 M4	设置进给速度、切削速度、换 T1 号刀具、主轴反转	
N4 G0 X82 Z0.1 M8 N5 G1 X18 N6 Z1 N7 G0 X74 N8 G1 Z0.1 N9 X78.2 RN−0.5 N10 Z−50 N11 X82 N12 G14 H0 M9	车端面 粗车外圆	
N13 G97 F0.15 S1920 T10 M3	设置进给速度、主轴恒转速、换 T10 号刀具、主轴正转	
N14 G0 X0 Z3 M8 N15 G84 ZA−54 U1 N16 G14 H0 M9	钻孔	
N17　G96　E0.05　F0.2　S180 T2 M4	设置进给速度、切削速度、换 T2 号刀具、主轴反转	

程序	说明	工序示意图
N18 G0 X18 Z1 N19 G81 D1.5 H2 AX－0.5 AZ0.1 N20 G0 X39.015 M8 N21 G1 X40.015 Z－0.5 N22 Z－10 N23 X27.546 RN－0.5 N24 G85 XA27.546 ZA－30 I1.3 K5 H1 N25 G1 X25 RN－0.5 N26 Z－45 N27 X23 N28 X18 AS30 N29 G80 N30 G14 H0 M9	粗车内孔	
N31 G96 F0.1 S300 T5 M4	设置进给速度、切削速度、换 T5 号刀具、主轴反转	
N32 G42 N33 G0 X18 Z1 M8 N34 G1 Z0 N35 G1 X78 RN－0.5 N36 Z－50 N37 X82 N38 G40 N39 G14 H0 M9	精车外圆	
N40 G96 F0.1 S220 T4 M4	设置进给速度、切削速度、换 T4 号刀具、主轴反转	
N41 G41 N42 G0 X39.015 Z1 M8 N43 G23 N22 N29 N44 G40 N45 G14 H2 M9	精车内孔	
N46 G97 S1060 T6 M4	设置进给速度、主轴恒转速、换 T6 号刀具、主轴反转	

续表

程　序	说　明	工序示意图
N47 G0 X27.546 Z2 N48 Z－4 N49 G31 XA27.546 ZA－27.5 D1.227 Q8 F2 M8 N50 G14 H2 M9	车内螺纹	
N51　G95　G96　F0.1　S120 T11 M3	设置进给速度、切削速度、换 T11 号刀具、主轴反转	
N52 G0 X85 Z1 N53 G88 XA49.9 ZA0 ET－4 EB6　RO － 0.5　RU0.3　D2 AK0.2 EP1 H14 V2 M8 N54 G14 H0 M9	车端面槽	
N55　G95　G96　F0.15　S120 T9 M4	设置进给速度、切削速度、换 T9 号刀具、主轴反转	
N56 G0 X80 Z－5 N57 G86 XA78 ZA－5 ET62 EB －10 AS19 AE19 RO－0.5 RU0.3 D2 AK0.2 EP1 H14 M8 N58 G0 X80 N59 G86 XA78 ZA－18 ET62 EB－10 AS19 AE19 RO－0.5 RU0.3 D2 AK0.2 EP1 H14 M8 N60 G0 X80 N61 G86 XA78 ZA－31 ET62 EB－10 AS19 AE19 RO－0.5 RU0.3 D2 AK0.2 EP1 H14 M8 N62 G14 H0 M9	车 V 形槽	
N63 M999	掉头	
N64 G55	设置工件坐标系零点	
N65 G92 S3000	设置最高主轴转速	
N66 G96 F0.3 S200 T1 M4	设置进给速度、切削速度、换 T1 号刀具、主轴反转	

程序	说明	工序示意图
N67 G0 X82 Z0 M8 N68 G1 X−1.6 N69 G14 H0 M9	车端面	
N70 G96 F0.3 S200 T3 M4	设置进给速度、切削速度、换 T3 号刀具、主轴反转	
N71 G0 X82 Z1 M8 N72 G81 D2.5 H2 AZ0.1 AX0.5 N73 G0 X16 N74 G1 Z0 N75 G3 X36 I−8 K−16.125 O1 N76 G85 XA36 ZA−36 I1.3 K5 H1 N77 G1 X46 N78 Z−54 AS165 N79 X77 N80 X82 AS135 N81 G80 N82 G14 H0 M9	粗车外圆	
N83 G96 F0.1 S240 T5 M4	设置进给速度、切削速度、换 T5 号刀具、主轴反转	
N84 G42 N85 G0 X16 Z1 M8 N86 G23 N74 N80 N87 G40 N88 G14 H0 M9	精车外圆	
N89 G97 S1590 T7 M4	设置进给速度、主轴恒转速、换 T7 号刀具、主轴反转	
N90 G0 X36 Z−6 N91 G31 XA36 ZA−33.5 F2 D1.227 Q8 O1 M8 N92 G14 H0 M9	车外螺纹	
N93 M30	程序结束	

3. SINUMERIK 810D/840D 数控程序

程序	说明
％_N_FIVE_MPF ; SINUMERIK 810D/840D ; TURRET：CA－16 G54	设置工件坐标系零点
LIMS＝3000	设置最高主轴转速
; DAL80 T1 D1 G96 S200 F0.3 M4	设置进给速度、切削速度、换 T1 号刀具、主轴反转
G0 X82 Z0.1 M8 G1 X18 Z1 G0 X74 G1 Z0.1 X78.2 CHR＝0.5 Z－50 TCP1	车端面 粗车外圆
; VBO24 T10 D1 G97 S1920 F0.15 M3	设置进给速度、主轴恒转速、换 T10 号刀具、主轴正转
G0 X0 Z3 M8 CYCLE82(3,2,1,－56,,1) TCP1	钻孔
; DIL55 T2 D1 G96 S180 F0.2 M4	设置进给速度、切削速度、换 T2 号刀具、主轴反转
G0 X18 Z1 M8 CYCLE95（"CT51",2.5,0.2,0.4,,0.3,0.1,0.1,11) TCP1	粗车内孔
; DAL55 T5 D1 G96 S300 F0.1 M4	设置进给速度、切削速度、换 T5 号刀具、主轴反转
G42 G0 X18 Z1 M8 G1 Z0 X78 CHR＝0.5 Z－50 X82 G40 TCP1	精车外圆

续表

程序	说明
; DIL35 T4 D1 G96 S220 F0.1 M4	设置进给速度、切削速度、换 T4 号刀具、主轴反转
G41 CT51 G40 TCP3	精车内孔
; GIL_2 T6 D1 G97 S1060 M4	设置进给速度、主轴恒转速、换 T6 号刀具、主轴反转
G0 X27.546 Z2 Z−4 M8 CYCLE97（2,,−4,−27.5,27.546,27.546,,,1.227,,0,,6,1,2) TCP3	车内螺纹
; SAR3_PH T11 D1 G96 S120 F0.2 M3	设置进给速度、切削速度、换 T11 号刀具、主轴反转
G0 X49.9 Z2 M8 CYCLE93(49.9,0,6,4,,,,−0.5,−0.5,,,0.2,0.2,3,,18) TCP1	车端面槽
; SAL3 T9 D1 G96 S120 F0.15 M4	设置进给速度、切削速度、换 T9 号刀具、主轴反转
G0 X80 Z−5 M9 CYCLE93(78,−15,4.491,8,,19,19,−0.5,−0.5,0.3,0.3,0.2,0.2,3,,11) CYCLE93(78,−28,4.491,8,,19,19,−0.5,−0.5,0.3,0.3,0.2,0.2,3,,11) CYCLE93(78,−41,4.491,8,,19,19,−0.5,−0.5,0.3,0.3,0.2,0.2,3,,11) TCP1	车 V 形槽
M999	掉头
G55	设置工件坐标系零点
LIMS=3000	设置最高主轴转速
; DAL80 T1 D1 G96 S200 F0.3 M4	设置进给速度、切削速度、换 T1 号刀具、主轴反转
G0 X82 Z0 M8 G1 X−1.6 TCP1	车端面

续表

程序	说明
；DAL55 T3 D1 G96 S240 M4	设置进给速度、切削速度、换 T3 号刀具、主轴反转
G0 X82 Z1 M8 CYCLE95（"CT52"，2.5，0.2，0.4，，0.3，0.1，0.1，9） TCP1	粗车外圆
；DAL35 T5 D1 G96 S300 F0.1 M4	设置进给速度、切削速度、换 T5 号刀具、主轴反转
G42 CT52 G40 TCP1	精车外圆
；GAL_2 T7 D1 G97 S790 M4	设置进给速度、主轴恒转速、换 T7 号刀具、主轴反转
G0 X36 Z−6 M9 CYCLE97(2，，6，−33.5，36，36，，，1.227，，0，，6，1，1) TCP1	车外螺纹
M30	程序结束

轮廓精加工子程序

％_N_CT51_SPF ；SUB ：SINUMERIK 810D/840D ；FN ：CONTOUR G18 G0 X39.015 Z1 M8 G1 X40.015 Z−0.5 Z−10 X27.546 CHR=0.5 Z−25 X29.878 Z−27.02 G3 X30.146 Z−27.52 I−0.866 K−0.5 G1 Z−29 G3 X28.146 Z−30 I−1 K0 G1 X25 CHR=0.5 Z−45 X23 X18 ANG=210 M17	％_N_CT52_SPF ；SUB ：SINUMERIK 810D/840D ；FN ：CONTOUR G18 G0 X16 Z1 M8 G1 Z0 G3 X36 Z−16 I−8 K−16.125 G1 Z−31 X33.668 Z−33.02 G2 X33.4 Z−33.52 I0.866 K−0.5 G1 Z−35 G2 X35.4 Z−36 I1 K0 G1 X46 Z−54 ANG=165 X77 X82 ANG=135 M17

项目六　综合车削（三）

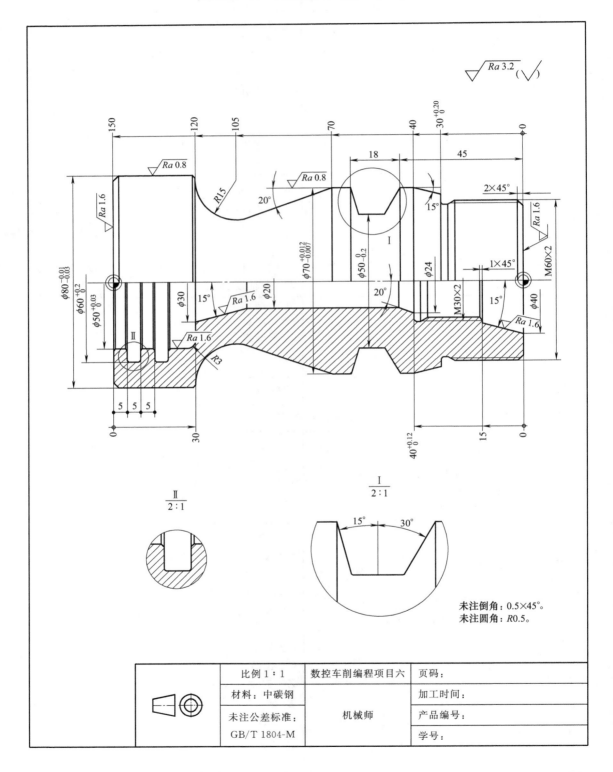

未注倒角：0.5×45°。
未注圆角：R0.5。

比例 1：1	数控车削编程项目六	页码：
材料：中碳钢	机械师	加工时间：
未注公差标准：GB/T 1804-M		产品编号：
		学号：

学习目的：（1）熟悉掌握车削加工数控编程；

（2）巩固基本指令、复合循环指令及其他指令；

（3）熟练运用外圆、内孔粗精车削加工编程的方法；

（4）熟悉刀尖圆角补偿；

（5）巩固复合循环指令（钻孔指令 G84、车退刀槽 G85、自由车槽指令 G86、端面车槽指令 G88）；

（6）巩固内外螺纹车削指令（车螺纹 G31）；

（7）理解轮廓插补指令（G61、G62、G63）。

学习重点：（1）尺寸精度的保证；

（2）外圆、内孔粗精加工；内外槽及端面槽车削；

（3）车螺纹；

（4）轮廓插补指令（G61、G62、G63）。

1. 数控车削加工工艺

材料：中碳钢		毛坯：$\phi 82 \times 152$		程序号：	
刀具表					
刀具号	T1	T3	T5	T7	T9	T11
刀尖圆角半径/mm	0.8	0.8	0.4		0.2	
切削速度/(m/min)	200	240	300	120	120	
最大吃刀量 a_p/mm	2.5	2.5	1.5		2	
刀具材料	P10	P10	P10	P10	P10	
每转进给量/(mm/r)	0.1～0.3	0.1～0.3	0.1～0.2	0.1～0.2	0.1～0.2	
示意图		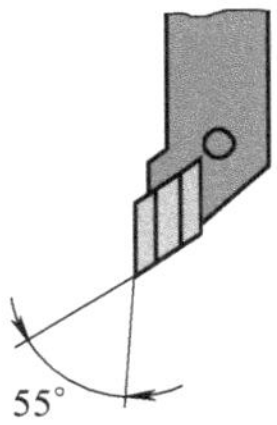 55°	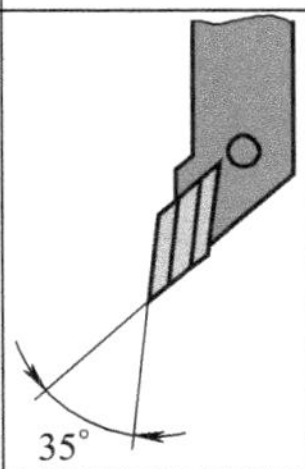 35°	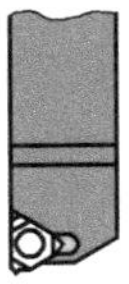	 3	

刀具号	T2	T4	T6	T8	T10	T12
图示 Q 值/mm	16	16	16	16	20	
刀尖圆角半径/mm	0.8	0.4	0.4	0.2		
切削速度/(m/min)	180	220	120	140	120	
最大吃刀量 a_p/mm	2.5	1.5	0.5	0.5		
刀具材料	P10	P10	P10	P10	P10	
每转进给量/(mm/r)	0.1～0.2	0.05～0.1	0.05～0.1	0.05～0.1	0.1～0.2	
示意图	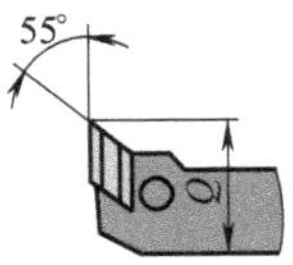 55°	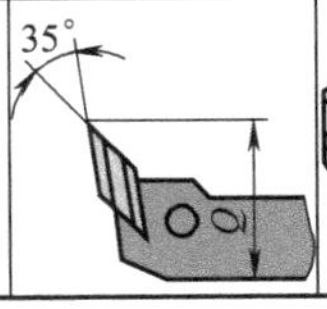 35°	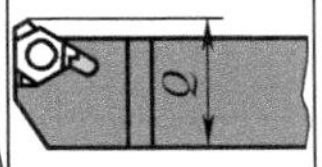	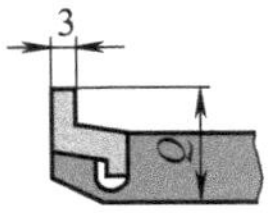 3	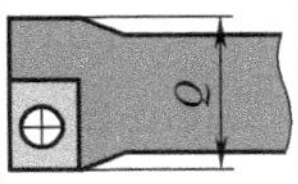	

续表

工 艺 卡

序号	内　　容	刀具	备　　注
1	检查毛坯尺寸		
2	装夹毛坯		
3	设置工件坐标系零点		
4	车端面,轴向长度 151.1mm	T1	
5	钻 ϕ20 孔,深 103	T10	
6	粗车外圆	T3	留余量: Z 向 0.1; X 向 0.2
7	粗车内孔	T2	留余量: Z 向 0.1; X 向 0.5
8	精车内孔	T4	
9	精车外圆	T5	
10	车内槽	T8	
11	检测		
12	拆卸工件		

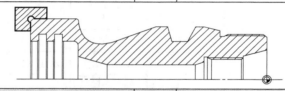

序号	内　　容	刀具	备　　注
1	检查毛坯尺寸		
2	调头装夹毛坯		
3	设置工件坐标系零点		
4	车端面,轴向长度 150mm	T1	
5	粗车外圆		
6	钻 ϕ20 孔	T10	孔深 48
7	粗车内孔	T2	留余量: Z 向 0.1; X 向 0.5
8	精车内孔	T4	
9	精车外圆	T5	
10	车外部轮廓槽	T9	
11	车外螺纹	T7	M60$\times$2
12	车内螺纹	T6	M30$\times$1.5
13	检测		
14	拆卸工件		

2. PAL 数控程序

程 序	说 明	工序示意图
N1 G54；	设置工件坐标系零点	
N2 G92 S3000	设置最高主轴转速	
N3 T1 M4 G95 F0.3 G96 S200	设置进给速度、切削速度、换 T1 号刀具、主轴反转	
N4 G0 Z3 X85 N5 G82 D1 H1 N6 G0 Z0.1 M8 N7 G1 X−2 N8 G1 Z2 N9 G80 N10 G14 H0 M9	车端面	
N11 T10 M3 G95 F0.15 G97 S1910	设置进给速度、主轴恒转速、换 T10 号刀具、主轴正转	
N12 G0 Z3 N13 X0 N14 G84 ZA − 77 D25 V1 VB1 DR3 DM12 U1 O1 M8 N15 G14 H1 M9	钻孔	
N17 T3 M4 G95 F0.3 G96 S240	设置进给速度、切削速度、换 T3 号刀具、主轴反转	
N17 G0 Z1 X85 M8 N18 G81 D2.5 H2 AZ0.1 AX0.5 Q2 N19 G0 X74.98 N20 G1 Z−2 X79.98 N21 Z−35 N22 X85 N23 G80 N24 G14 H0 M9	粗车外圆	
N25 T2 M4 G95 F0.2 G96 S180	设置进给速度、切削速度、换 T2 号刀具、主轴反转	

续表

程　　序	说　　明	工序示意图
N26 G0 Z2 X18 N27 G81 D2.5 H2 AZ0.1 AX －0.5 N28 G0 X55.013 N29 G1 Z－0.5 X50.13 M8 N30 Z－30 RN3 N31 X30 N32 X18 AS195 N33 G80 N34 G14 H1 M9	粗车内孔	
N35 T4 G95 F0.1 G96 S220	设置进给速度、切削速度、换 T4 号刀具、主轴反转	
N36 G41 N37 G0 Z2 X55.013 N38 G23 N29 N32 N39 G40 N40 G14 H2 M9	精车内孔	
N41 T5 M4 G95 F0.1 G96 S300	设置进给速度、切削速度、换 T5 号刀具、主轴反转	
N42 G42 N43 G0 X72.98 Z2 N44 G23 N20 N22 N45 G40 N46 G14 H0 M9	精车外圆	
N47 T8 G95 F0.1 G96 S140 M4	设置进给速度、主轴恒转速、换 T8 号刀具、主轴反转	
N48 G0 X45 Z2 N49 G86 X50 Z－10 ET60.1 EB5 RO－0.5 RU0.5 D2 AK0.2 EP1 H14 N50 G86 X50 Z－20 ET60.1 EB5 RO－0.5 RU0.5 D2 AK0.2 EP1 H14 N51 G14 H2 M9	车内槽	
N52 M999	掉头	

程　　　序	说　　　明	工序示意图
N53 G55	设置工件坐标系零点	
N54 G92 S3000	设置最高主轴转速	
N55 T1 M4 G95 F0.3 G96 S200	设置进给速度、切削速度、换 T1 号刀具、主轴反转	
N56 G0 Z2 X85 M8 N57 G82 D1.5 H1 N58 G0 Z0.1 X125 N59 G1 X−2 N60 G1 Z2.5 N61 G80 N62 G14 H0 M9	车端面	
N63　T10　M3　G95　F0.15　G97 S1910	设置进给速度、切削速度、换 T10 号刀具、主轴反转	
N64 G0 ZA3 N65 XA0 M8 N66 G84 ZA − 77 D25 V1 VB1 DR3 DM12 U1 O1 N67 G14 H1 M9	钻孔	
N68 T2 G95 F0.2 G96 S180 M4	设置进给速度、切削速度、换 T2 号刀具、主轴反转	
N69 G0 Z2 X18 N70 G81 D1.5 H2 AZ0.1 AX−0.5 N71 G0 X40 M8 N72 G1 Z0 N73 G1 Z−15 AS195 N74 X27.546 RN−1 N75 G85 Z−40.06 X27.546 I1.5 K5 H1 N76 G1 X24 N77 G1 X18 AS200 N78 G80 N79 G14 H1 M9	粗车内孔	
N80 T3 G95 F0.3 G96 S240 M4	设置进给速度、切削速度、换 T3 号刀具、主轴反转	

续表

程　序	说　明	工序示意图
N81 G0 Z2 XA85 N82 G81 D2.5 H2 AZ0.1 AX0.5 N83 G0 X52 M8 N84 G1 Z−2 X60 N85 G85 Z−30.1 X60 I1.5 K5 H1 N86 G1 X64.641 N87 Z−40 AS165 N88 G1 Z−70 N89 G61 AS200 N90 G62 ZA−120 KA−105 R15 AT0 AO110 N91 G1 XA78.98 ZA−120 N92 G1 X82 AS135 N93 G80 N94 G14 H0 M9	粗车外圆	
N95 T4 G95 F0.05 G96 S220 M4	设置进给速度、切削速度、换 T4 号刀具、主轴反转	
N96 G41 N97 G0 X40 Z2 M8 N98 G23 N72 N77 N99 G40 N100 G14 H2 M9	精车内孔	
N83 G96 F0.1 S300 T5 M4	设置进给速度、切削速度、换 T5 号刀具、主轴反转	
N84 G42 N85 G0 X16 Z1 M8 N86 G23 N74 N80 N87 G40 N88 G14 H0 M9	精车外圆	
N107 T9 G95 F0.15 G96 S120 M4	设置进给速度、切削速度、换 T9 号刀具、主轴反转	

续表

程　　序	说　　明	工序示意图
N108 G0 X72 Z－45 N109 G87 D5 AK0.2 H14 N110 G1 X70 Z－45 N111 X49.9 AS240 N112 G61 AS180 N113 G61 XA70 ZA－63 AS105 N114 G1 X72 N115 G80 N116 G14 H0 M9	车削外部轮廓槽	
N117 T7 M4 G97 S636	设置进给速度、主轴恒转速、换 T7 号刀具、主轴反转	
N118 G0 X60 Z4.5 N119 G31 XA60 ZA－28 F2 D1.227 Q10 O2 N120 G14 H1 M9	车外螺纹	
N121 T6 M4 G97 S636	设置进给速度、主轴恒转速、换 T6 号刀具、主轴反转	
N122 G0 X25 N123 Z－11.5 N124 G31 XA27.55 ZA－37 F1.5 D0.92 Q10 O2 N125 G14 H2 M9	车内螺纹	
N93 M30	程序结束	

3. SINUMERIK 810D/840D 数控程序

程　　序	说　　明
%_N_SIX_MPF ;SINUMERIK 810D/840D ;TURRET：CA－16 G54	设置工件坐标系零点
LIMS＝3000	设置最高主轴转速

续表

程　　　序	说　　明
;DAL80 T1 D1 G96 S200 F0.25 M4	设置进给速度、切削速度、换 T1 号刀具、主轴反转
G0 X85 Z0.2 G1 X－1.6 G0 Z1 TCP1	车端面
;VBO24 T10 D1 G97 S1910 F0.15 M3	设置进给速度、主轴恒转速、换 T10 号刀具、主轴正转
G0 X0 Z3 M8 CYCLE83(3,2,1,－79,,,25,3,1,,,1,,12,0,0,0) TCP3	钻孔
;DAL55 T3 D1 G96 S240 F0.3 M4	设置进给速度、切削速度、换 T3 号刀具、主轴反转
G0 X85 Z1 M8 CYCLE95("CT61",2.5,0.2,0.4,,0.3,0.1,0.1,9) TCP1	粗车外圆
;DIL55 T2 D1 G96 S180 F0.2 M4	设置进给速度、切削速度、换 T2 号刀具、主轴反转
G0 X18 Z2 M8 CYCLE95("CT62",2.5,0.2,0.4,,0.3,0.1,0.1,11) TCP3	粗车内孔
;DIL35 T4 D1 G96 S220 F0.1	设置进给速度、切削速度、换 T4 号刀具、主轴反转
G41 CT62 G40 TCP3	精车内孔
;DAL35 T5 D1 G96 S300 M4	设置进给速度、切削速度、换 T5 号刀具、主轴反转
G42 CT61 G40 TCP1	精车外圆

程　　序	说　　明
;SIL3 T8 D1 G96 S140 M4	设置进给速度、主轴恒转速、换 T8 号刀具、主轴反转
G0 X45 Z2 M8 CYCLE93(50,－10,5,5.05,,0,0,－0.5,－0.5, 0.5,0.5,0.2,0.2,3,,13) CYCLE93(50,－20,5,5.05,,0,0,－0.5,－0.5, 0.5,0.5,0.2,0.2,3,,13) TCP3	车内槽
M999	掉头
G55	设置工件坐标系零点
LIMS＝3000	设置最高主轴转速
;DAL80 T1 D1 G96 S200 F0.3 M4	设置进给速度、切削速度、换 T1 号刀具、主轴反转
G0 X85 Z0.5 M8 G1 X－1.6 TCP1	车端面
;DAL55 T3 D1 G96 S120 F0.3 M4	设置进给速度、切削速度、换 T10 号刀具、主轴反转
G0 X85 Z2 M9 CYCLE95("CT63",2.5,0.2,0.4,,0.3,0.1,0.1,9) TCP1	钻孔
;VBO24 T10 D1 G97 S1910 F0.15 M3	设置进给速度、切削速度、换 T2 号刀具、主轴反转
G0 X0 Z3 M8 CYCLE83(3,2,1,－79,,,25,3,1,,,1,,12,0,0,0) TCP3	粗车内孔
;DIL55 T2 D1 G96 S240 F0.2 M4	设置进给速度、切削速度、换 T3 号刀具、主轴反转
G0 X18 Z2 M9 CYCLE95("CT64",2.5,0.2,0.4,,0.3,0.1,0.1,11) TCP3	粗车外圆
;DIL35 T4 D1 G96 S220 F0.05 M4	设置进给速度、切削速度、换 T4 号刀具、主轴反转

续表

程　　序	说　　明
G42 CT63 G40 TCP1	精车内孔
;DAL35 T5 D1 G96 S300 F0.1 M4	设置进给速度、切削速度、换 T5 号刀具、主轴反转
G42 CT63 G40 TCP1	精车外圆
;SAL3 T9 D1 G96 S120 F0.15 M4	设置进给速度、切削速度、换 T9 号刀具、主轴反转
G0 X72 Z−45 M9 CYCLE93（70，−63，9.547，10，，15，30，−0.5， −0.5，0.3，0.3，0.2，0.2，3，，11） TCP1	车削外部轮廓槽
;GAL_2 T7 D1 G97 S636 M4	设置进给速度、主轴恒转速、换 T7 号刀具、主轴反转
G0 X60 Z4.5 M8 CYCLE97(2,,6,−27.5,60,60,,,1.227,,0,,6,1,1) TCP2	车外螺纹
;GIL_2 T6 D1 G97 S1060 M4	设置进给速度、主轴恒转速、换 T6 号刀具、主轴反转
G0 X27.546 Z2 M8 CYCLE97（2，，−9，−37.5，27.546，27.546，，， 1.227，，0，，4，1，2） TCP3	车内螺纹
M30	程序结束
轮廓精加工子程序	

%_N_CT61_SPF ;SUB　 : SINUMERIK 810D/840D ;FN　　 : CONTOUR G18 G0 X72.98 Z2 M8 G1 X79.98 Z−2 G1 Z−35 G1 X85 M17	%_N_CT62_SPF ;SUB　 : SINUMERIK 810D/840D ;FN　　 : CONTOUR G18 G0 X55.013 Z2 M8 G1 X50.013 Z−0.5 G1 Z−27 RND=3 G1 X30 G1 X18 ANG=195 M17

程　　序	说　　明
%_N_CT63_SPF ;SUB : SINUMERIK 810D/840D ;FN : CONTOUR G18 G0 X52 Z2 M8 G1 X60 Z−2 G1 Z−25.1 G1 X57.268 Z−27.466 G2 X57 Z−27.966 I0.866 K−0.5 G1 Z−29.1 G2 X59 Z−30.1 I1 K0 G1 X64.641 G1 Z−40 ANG=165 G1 Z−70 G1 X48.203 Z−99.87 G2 X76.394 Z−120 I14.095 K−5.13 G1 X78.98 G1 X82 ANG=135 M17	%_N_CT64_SPF ;SUB : SINUMERIK 810D/840D ;FN : CONTOUR G18 G0 X40 Z2 M8 G1 Z0 G1 Z−15 ANG=195 G1 X27.546 Z−16 CHR=1 G1 Z−35.06 G1 X30.278 Z−37.426 G3 X30.546 Z−37.926 I−0.866 K−0.5 G1 Z−39.06 G3 X28.546 Z−40.06 I−1 K0 G1 X24 G1 X18 ANG=200 M17

项目七　综合车削（四）

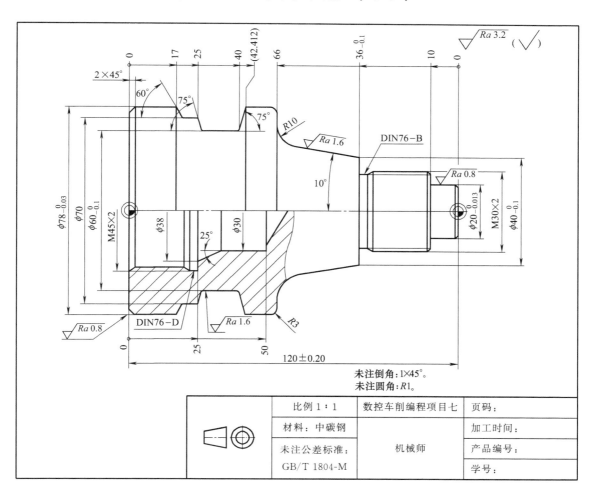

比例 1∶1	数控车削编程项目七	页码：
材料：中碳钢		加工时间：
未注公差标准： GB/T 1804-M	机械师	产品编号： 学号：

未注倒角：1×45°。
未注圆角：R1。

学习目的：通过对比，详细了解 PAL、SINUMERK 840D 数控系统程序的异同。

1. 数控车削加工工艺

材料：中碳钢		毛坯：$\phi80\times122$			程序号：	
刀具表						
刀具号	T1	T3	T5	T7	T9	T11
刀尖圆角半径/mm	0.8	0.8	0.4		0.2	
切削速度/(m/min)	200	240	300	120	120	
最大吃刀量 a_p/mm	2.5	2.5	1.5	0.5	2	
刀具材料	P10	P10	P10	P10	P10	
每转进给量/(mm/r)	0.1～0.3	0.1～0.3	0.1～0.2	0.1～0.2	0.1～0.2	
示意图		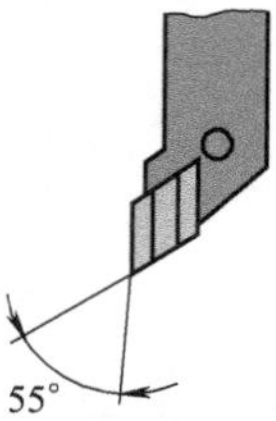	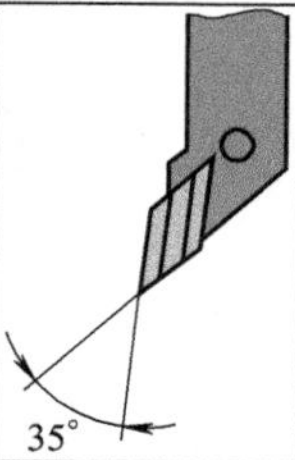	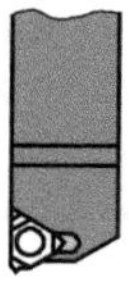		
刀具号	T2	T4	T6	T8	T10	T12
图示 Q 值/mm	16	16	16	16	20	
刀尖圆角半径/mm	0.8	0.4	0.4	0.2		
切削速度/(m/min)	180	220	120	140	120	
最大吃刀量 a_p/mm	2.5	1.5	0.5	0.5		
刀具材料	P10	P10	P10	P10	P10	
每转进给量/(mm/r)	0.1～0.2	0.05～0.1	0.05～0.1	0.05～0.1	0.1～0.2	
示意图	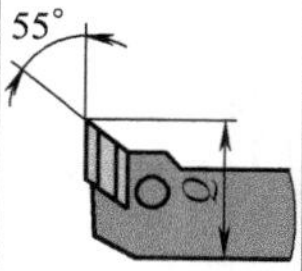	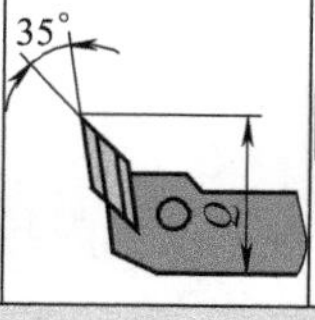	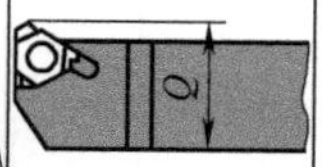	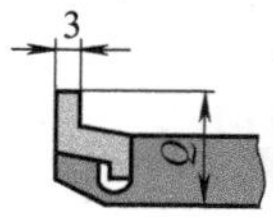	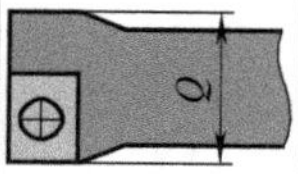	

工艺卡

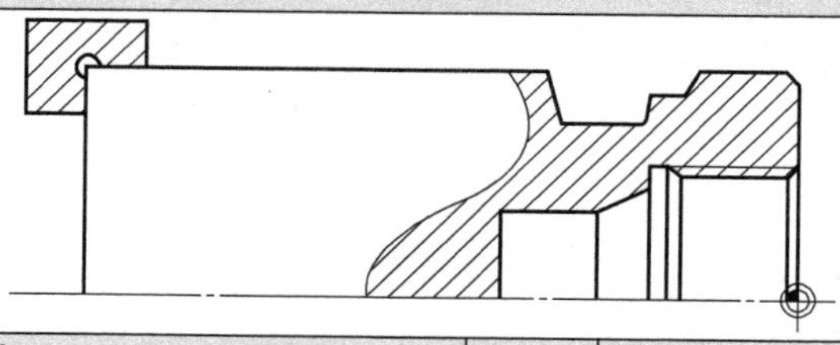

序号	内　　容	刀具	备　　注
1	检查毛坯尺寸		
2	装夹毛坯		
3	设置工件坐标系零点		
4	车端面,粗车外圆,轴向长度 121.1mm	T1	留余量：Z 向 0.2；X 向 0.4
5	钻 $\phi24$ 孔,深 50	T10	
6	粗车内孔	T2	留余量：Z 向 0.2；X 向 0.4

续表

序号	内　　容	刀具	备　　注
7	精车外圆	T5	
8	精车内孔	T4	
9	车外部轮廓槽	T9	
10	车内螺纹 M45×2	T6	
11	检测		
12	拆卸工件		

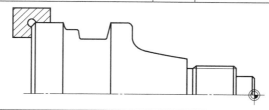

序号	内　　容	刀具	备　　注
1	检查毛坯尺寸		
2	掉头装夹毛坯		
3	设置工件坐标系零点		
4	车端面,轴向长度 120mm	T1	
5	粗车外圆	T3	留余量:Z 向 0.2;X 向 0.4
6	精车外圆	T5	
7	车外螺纹 M30×2	T7	
8	检测		
9	拆卸工件		

2. PAL 数控程序

程　　　　序	说　　明	工序示意图
N1 G54	设置工件坐标系零点	
N2 G92 S3000	设置最高主轴转速	
N3 T1 G95 F0.3 G96 S200 M4	设置进给速度、切削速度、换 T1 号刀具、主轴反转	
N4 G0 X82 Z0.1 M8 N5 G1 X18 N6 Z1 N7 G0 X72 N8 G1 Z0.1 N9 X78.2 RN−2 N10 Z−60 N11 X82 N12 G14 H0 M9	车端面、车外圆面	
N13 T10 G95 F0.15 G97 S1920 M3	换 T10 号刀具	

续表

程　　序	说　明	工序示意图
N14 G0 X0 Z3 M8 N15 G84 ZA－50 U1 N16 G14 H0 M9	钻孔	
N17 T2 G95 F0.2 G96 S180 M4	换 T2 号刀具	
N18 G0 X18 Z1 N19 G81 D1.5 AX－0.4 AZ0.2 N20 G0 X48.546 N21 G1 X42.546 AS225 M8 N22 G85 X42.546 Z － 25 I0.5 K7.3 H1 N23 X38 N24 X30 AS205 N25 Z－50 N26 X18 N27 G80 N28 G14 H0 M9	粗车内孔	
N29 T5 G95 F0.1 G96 S300 M4	换 T5 号刀具	
N30 G42 N31 G0 X18 Z2 M8 N32 G1 Z0 N33 X77.985 RN－2 N34 Z－60 N35 G40 N36 G14 H0 M9	精车外圆	
N37 T4 G95 F0.1 G96 S220 M4	换 T4 号刀具	
N38 G41 N39 G0 X48.546 Z1 M8 N40 G23 N21 N26 N41 G40 N42 G14 H2 M9	精车内孔	
N43 T9 G95 F0.15 G96 S120 M4	换 T9 号刀具	
N44 G0 X80 Z－40 N45 G87 D5 AK0.2 H14 O1 V2 N46 G1 X78 Z－17 N47 X70 AS240 RN1 N48 Z－25 RN1 N49 X59.95 AS255 RN1 N50 Z－40 RN1 N51 X78 AS105 N52 G80 N53 G14 H0 M9	车外槽	

续表

程 序	说 明	工序示意图
N54 T6 G97 S636 M4	换 T6 号刀具	
N55 G0 X40 N56 Z6 N57 G31 XA42.546 ZA－22.5 F2 D1.227 Q10 O2 H2 N58 G14 H2 M9	车螺纹	
N59 M999	掉头	
N60 G55 N61 G92 S3000	设置工件坐标系、主轴限速	
N62 T1 G95 F0.3 G96 S200 M4	换 T1 号刀具	
N63 G0 X82 Z0 M8 N64 G1 X－1.6 N65 Z1 N66 G14 H0 M9	车端面	
N67 T3 G95 F0.2 G96 S240 M4	换 T3 号刀具	
N68 G0 X82 Z1 N69 G81 D2.5 AK0.2 N70 G0 X15.99 N71 G1 X19.99 AS135 M8 N72 Z－10 N73 X30 RN－1 N74 G85 X30 Z－35.95 I1.5 K5 H1 N75 X39.95 N76 G61 AS170 N77 G62 ZA－66 R10 AT0 AO80 N78 G1 X77.985 RN3 N79 Z－80 N80 G80 N81 G14 H0 M9	粗车外圆	
N82 T5 G95 F0.1 G96 S300 M4	换 T5 号刀具	
N83 G42 N84 G0 X15.99 Z1 M8 N85 G23 N71 N79 N86 G40 N87 G14 H0 M9	精车外圆	

续表

程　　序	说　　明	工序示意图
N88 T7 G97 S636 M4	换 T7 号刀具	
N89 G0 X32 Z－4 N90　G31　XA30　ZA－33.5　F2 D1.227 Q10 O2 N91 G14 H2 M9	车外螺纹	
N92 M30	程序结束	

3. SINUMERK 840D 数控程序

程　　序	说　　明
％_N_SECOND_MPF ;SINUMERIK 810D/840D ;TURRET：CA－16 G54 LIMS＝3000	设置工件坐标系零点 设置最高主轴转速
;DAL80 T1 D1 G96 S200 F0.3 M4	设置进给速度、切削速度、换 T1 号刀具、主轴反转
G0 X82 Z0.1 M8 G1 X23 G1 Z1 G0 X72 G1 Z0.1 G1 X74.2 G1 X78.2 Z－1.9 G1 Z－60 G1 X82 TCP1	车端面、车外圆面
;VBO24 T10 D1 G97 S1920 F0.15 M3	换 T10 号刀具
G0 X0 Z3 M8 CYCLE82(3,2,1,－52,,1) TCP1	钻孔
;DIL55 T2 D1 G96 S180 F0.2 M4	换 T2 号刀具
G0 X18 Z1 M9 CYCLE95（"CONTOUR1"，2.5，0.2，0.4，，0.3，0.1，，3） TCP1	粗车内孔

续表

程　　序	说　　明
;DAL35 T5 D1 G96 S300 F0. 1 M4	换 T5 号刀具
G42 G0 X18 Z2 M8 G1 Z0 G1 X73. 985 G1 X77. 985 Z－2 G1 Z－60 G40 TCP1	精车外圆
;DIL35 T4 D1 G96 S220 M4	换 T4 号刀具
G41 CONTOUR1 G40 TCP1	精车内孔
;SAL3 T9 D1 G96 S120 F0. 15 M4	换 T9 号刀具
G0 X80 Z－40 CYCLE93(78，－42.412，22.03，4，，15，30，，，1，， 0.2，0.2，3，，1) CYCLE93(70，－41.34，13.66，5.05，，15，15，1，，1， 1，0.2，0.2，3，，1) TCP2	车外槽
;GIL_2 T6 D1 G97 S636 M4	换 T6 号刀具
G0 X40 Z6 M9 CYCLE97（2，，6，－22.5，42.546，42.546，，， 1.227，，60，，4，1，2) TCP3	车螺纹
M999	掉头
G55	设置工件坐标系
;DAL80 T1 D1 G96 S200 F0. 3 M4	换 T1 号刀具
G0 X82 Z0 M8 G1 X－1. 6 G1 Z1 TCP1	车端面

续表

程　　序	说　　明
;DAL55 T3 D1 G96 S240 F0.2 M4	换 T3 号刀具
G0 X82 Z1 M9 CYCLE95（"CONTOUR2"，2.5，0.2，0.4，，0.3， 0.1，，1） TCP1	粗车外圆
;DAL35 T5 D1 G96 S300 F0.1 M4	换 T5 号刀具
G42 CONTOUR2 G40 TCP1	精车外圆
;GAL_2 T7 D1 G97 S636 M4	换 T7 号刀具
G0 X32 Z−4 M9 CYCLE97(2,,6,−22.5,30,30,,,1.227,,60,,4,1,1) TCP2	车外螺纹
M30	程序结束

子程序


```
%_N_CONTOUR1_SPF
;SUB   : SINUMERIK 810D/840D
;FN    : CONTOUR G18
G0 X48.546 Z1. M8
G1 X42.546 Z−2.
Z−17.7
X43.439 Z−18.473
G3 X43.546 Z−18.673 I−0.346 K−0.2
G1 Z−24.6
G3 X42.746 Z−25. I−0.4 K0.
G1 X42.546
X38.
X30. Z−33.578
Z−50.
X18.
M17
```

```
%_N_CONTOUR2_SPF
;SUB   : SINUMERIK 810D/840D
;FN    : CONTOUR G18
G0 X15.99 Z1 M8
G1 X19.99 Z−1 F0.1
G1 Z−10
G1 X28
G1 X30 Z−11
G1 Z−30.95
G1 X27.268 Z−33.316
G2 X27 Z−33.816 I0.866 K−0.5
G1 Z−34.95
G2 X29 Z−35.95 I1 K0
G1 X39.95
G1 Z−66 ANG=170 RND=10
G1 X77.985 RND=3
G1 Z−80
M17
```

项目八　综合车削（五）

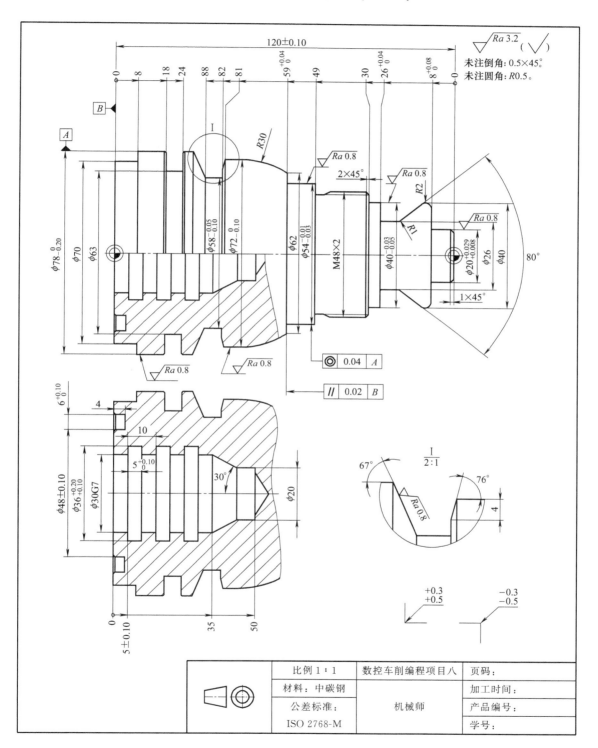

	比例 1：1	数控车削编程项目八	页码：
	材料：中碳钢		加工时间：
	公差标准：	机械师	产品编号：
	ISO 2768-M		学号：

学习目的：通过对比，进一步了解 PAL、SINUMERK 840D 数控系统程序的异同。

1. 数控车削加工工艺

材料：中碳钢	毛坯：$\phi80\times122$	程序号：

刀具表

刀具号	T1	T3	T5	T7	T9	T11
刀尖圆角半径/mm	0.8	0.8	0.4		0.2	0.2
切削速度/(m/min)	200	240	300	120	120	120
最大吃刀量 a_p/mm	2.5	2.5	1.5	0.5	2	2
刀具材料	P10	P10	P10	P10	P10	P10
每转进给量/(mm/r)	0.1～0.3	0.1～0.3	0.1～0.2	0.1～0.2	0.1～0.2	0.05～0.1
示意图		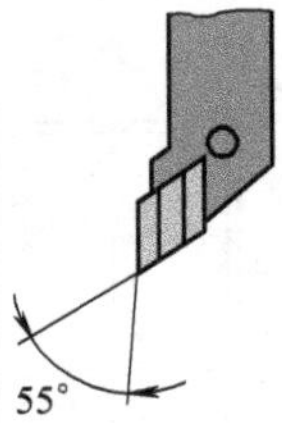	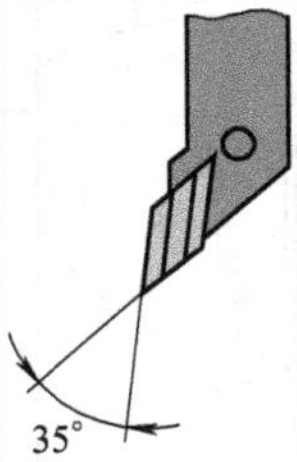 55°	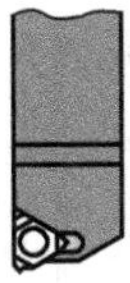 35°		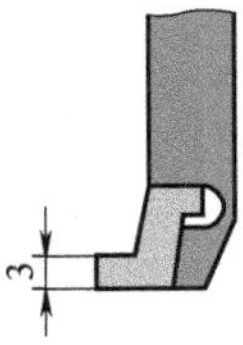 3

刀具号	T2	T4	T6	T8	T10	T12
图示 Q 值/mm	16	16		16	20	
刀尖圆角半径/mm	0.8	0.4		0.2		
切削速度/(m/min)	180	220		140	120	
最大吃刀量 a_p/mm	2.5	1.5				
刀具材料	P10	P10		P10	P10	
每转进给量/(mm/r)	0.1～0.2	0.05～0.1		0.05～0.1	0.1～0.2	
示意图	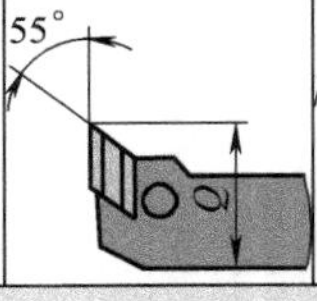 55°	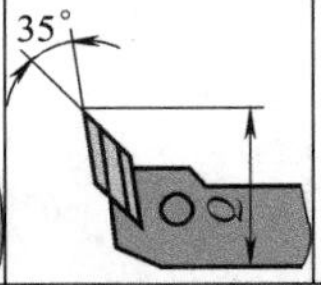 35°		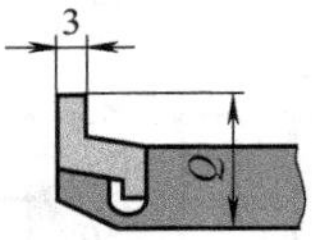 3	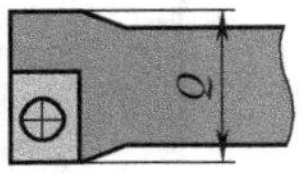	

工艺卡

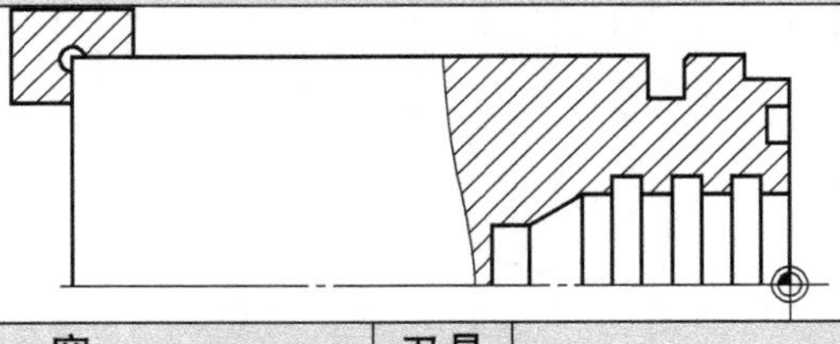

序号	内　　容	刀具	备　　注
1	检查毛坯尺寸		
2	装夹毛坯		
3	设置工件坐标系零点		
4	车端面，轴向长度 121.1mm	T1	
5	粗车外圆	T3	留余量：Z 向 0.2；X 向 0.4
6	钻 $\phi20$ 孔，深50	T10	
7	粗车内孔	T2	留余量：Z 向 0.2；X 向 0.4
8	精车外圆	T5	

续表

序号	内　　容	刀具	备　　注
9	精车内孔	T4	
10	车内槽	T8	
11	车外槽	T9	
12	车端面槽	T11	
13	检测		
14	拆卸工件		

序号	内　　容	刀具	备　　注
1	检查毛坯尺寸		
2	掉头装夹毛坯		
3	设置工件坐标系零点		
4	车端面,轴向长度 120mm	T1	
5	粗车外部轮廓槽	T9	留余量:0.2
6	粗车外圆	T3	留余量:Z 向 0.2;X 向 0.4
7	精车外部轮廓槽	T9	
8	精车外圆	T5	
9	车外螺纹	T7	M48×2
10	检测		
11	拆卸工件		

2. PAL 数控程序

程　　序	说　　明	工序示意图
N1 G54 N2 G92 S3000	设置工件坐标系零点 设置最高主轴转速	
N3 T1 G95 F0.3 G96 S200 M4	设置进给速度、切削速度、换 T1 号刀具、主轴反转	
N4 G0 X82 Z0.1 M8 N5 G1 X18 N6 Z1 N7 G14 H0 M9	车端面	

续表

程　序	说　明	工序示意图
N8 T3 G95 F0.3 G96 S240 M4	换 T3 号刀具	
N9 G0 X80 Z1 N10 G81 D2.5 AX0.4 AZ0.2 N11 G0 X70 N12 G1 Z－8 M8 N13 X77.9 N14 Z－40 N15 X82 N16 G80 N17 G14 H0 M9	粗车外圆面	
N18　T10　G95　F0.15　G97 S1920 M3	换 T10 号刀具	
N19 G0 X0 Z3 M8 N20 G84 ZA－50 D10 V2 U1 N21 G14 H0 M9	钻孔	
N22 T2 G95 F0.2 G96 S180 M4	换 T2 号刀具	
N23 G0 X18 Z1 N24 G81 D1.5 AX－0.4 AZ0.2 N25 G0 X30.018 N26 G1 Z－35 M8 N27 X18 AS210 N28 G80 N29 G14 H0 M9	粗车内孔	
N30 T5 G95 F0.1 G96 S300 M4	换 T5 号刀具	
N31 G42 N32 G0 X28 Z2 M8 N33 G1 Z0 N34 X70 N35 G23 N12 N15 N36 G40 N37 G14 H0 M9	精车外圆	
N38 T4 G95 F0.1 G96 S220 M4	换 T4 号刀具	
N39 G41 N40 G0 X30.018 Z1 M8 N41 G23 N26 N27 N42 G40 N43 G14 H2 M9	精车内孔	

程　　序	说　　明	工序示意图
N44 T8 G95 F0. 15 G96 S140 M4	换 T8 号刀具	
N45 G0 X28 Z2 N46 G86 XA30 ZA−5 ET36. 15 EB−5. 05 RO−0. 5 RU0. 3 D2 AK0. 2 EP1 H14 M8 N47 G86 XA30 ZA−15 ET36. 15 EB−5. 05 RO−0. 5 RU0. 3 D2 AK0. 2 EP1 H14 M8 N48 G86 XA30 ZA−25 ET36. 15 EB−5. 05 RO−0. 5 RU0. 3 D2 AK0. 2 EP1 H14 M8 N49 G14 H2 M9	车内槽	
N50 T9 G95 F0. 15 G96 S120 M4	换 T9 号刀具	
N51 G0 X80 Z−24 N52 G86 XA78 ZA−24 ET63 EB6 RO−0. 5 RU0. 3 D2 AK0. 2 EP1 H14 M8 N53 G14 H0 M9	车外槽	
N54 T11 G95 F0. 1 G96 S120 M3	换 T11 号刀具	
N55 G0 X48 Z2 N56　G88　XA48　ZA0　ET−4 EB6. 05　RO−0. 5　RU0. 3　D2 AK0. 2 EP1 H14 V2 M8 N57 G14 H0 M9	车端面槽	
N58 M999	掉头	
N59 G55 N60 G92 S3000	设置工件坐标系零点 设置最高主轴转速	
N61 T1 G95 F0. 3 G96 S200 M4	换 T1 号刀具	
N62 G0 X82 Z0 M8 N63 G1 X−1. 6 N64 Z1 N65 G14 H0 M9	车端面	
N66 T9 G95 F0. 15 G96 S120 M4	换 T9 号刀具	

续表

程　　序	说　　明	工序示意图
N67 G0 X81 Z−81 N68 G87 D5 AK0.2 H1 O1 V2 N69 G1 X71.95 N70 Z−82 AS256 N71 X57.925 RN0.3 N72 Z−88 RN0.3 N73 X82 AS113 N74 G80 N75 G14 H0 M9	粗车外槽	
N76 T3 G95 F0.2 G96 S240 M4	换 T3 号刀具	
N77 G0 X82 Z1 N78 G81 D2.5 AK0.2 N79 G0 X16.014 N80 G1 X20.014 AS135 M8 N81 Z−8.04 N82 X36 N83 G63 IA36 KA−10.04 R2 AO130 N84 G1 X26 AS220 RN1 N85 G1 Z−26.02 N86 X39.963 N87 Z−30 N88 X48 RN−1 N89 G85 X48 Z−49 I1.5 K5 H1 N90 X53.99 N91 Z−59.02 N92 X62 N93 G3 X71.95 Z−75.565 R30 N94 G1 Z−82 N95 G80 N96 G14 H0 M9	粗车外圆面	
N97 T9 G95 F0.15 G96 S120 M4	换 T9 号刀具	
N98 G0 X81 Z−81 N99 G87 D5 AK0.2 H4 O1 V2 N100 G23 N69 N73 N101 G80 N102 G14 H0 M9	精车外槽	
N103 T5 G95 F0.1 G96 S300 M4	换 T5 号刀具	
N104 G42 N105 G0 X16.014 Z1 M8 N106 G23 N80 N94 N107 G40 N108 G14 H0 M9	精车外圆	
N109 T7 G97 S636 M4	换 T7 号刀具	

程　　序	说　　明	工序示意图
N110 G0 X50 Z－24 N111　G31　XA48　ZA－46.5　F2 D1.227 Q10 O2 N112 G14 H2 M9	车外螺纹	
N113 M30	程序结束	

3. SINUMERK 840D 数控程序

程　　序	说　　明
％_N_THIRD_MPF ; SINUMERIK 810D/840D ; TURRET: CA－16 G54 LIMS＝3000	设置工件坐标系零点 设置最高主轴转速
; DAL80 T1 D1 G96 S200 F0.3 M4	设置进给速度、切削速度、换 T1 号刀具、主轴反转
G0 X82 Z0.1 M8 G1 X23 G1 Z1 TCP1	车端面
; DAL55 T3 D1 G96 S240 M4	换 T3 号刀具
G0 X80 Z1 M9 G0 X75 G1 Z－7.8 F0.3 G1 X78.8 G1 Z－40 G1 X80 G0 Z1 G0 X70.8 G1 Z－7.8 G1 X80 TCP1	粗车外圆面

续表

程　　序	说　　明
；VBO20 T10 D1 G97 S1920 F0. 15 M3	换 T10 号刀具
G0 X0 Z3 M8 CYCLE83（3，1，2，－51,,，10，0，1,,，1,, 10，0，0，0） TCP3	钻孔
；DIL55 T2 D1 G96 S180 F0. 2 M4	换 T2 号刀具
G0 X18 Z1 M9 CYCLE95（"CONTOUR1"，2. 5，0. 2，0. 4,, 0. 3，0. 1,,，3） TCP1	粗车内孔
；DAL35 T5 D1 G96 S300 F0. 1 M4	换 T5 号刀具
G42 G0 X28 Z2 M8 G1 Z0 G1 X70 G1 Z－8 M8 G1 X77. 9 G1 Z－40 G1 X80 G40 TCP1	精车外圆
；DIL35 T4 D1 G96 S220 M4	换 T4 号刀具
G41 CONTOUR1 G40 TCP3	精车内孔
；SIL3 T8 D1 G96 S140 F0. 15 M4	换 T8 号刀具

续表

程　　　序	说　　　明
G0 X28 Z2 M9 CYCLE93（30，－5，5.05，4.075,,,,－0.5，－0.5，0.5，0.5，0.2，0.2，3,,17） CYCLE93（30，－15，5.05，4.075,,,,－0.5，－0.5，0.5，0.5，0.2，0.2，3,,17） CYCLE93（30，－25，5.05，4.075,,,,－0.5，－0.5，0.5，0.5，0.2，0.2，3,,17） TCP3	车内槽
；SAL3 T9 D1 M4	换 T9 号刀具
G0 X80 Z－24 M9 CYCLE93（78，－24，6，7.5,,,,－0.5，－0.5，0.5，0.5，0.2，0.2，3,,11） TCP1	车外槽
；SAR3＿PH T11 D1 G96 S120 F0.1 M3	换 T11 号刀具
G0 X48 Z2 M9 CYCLE93（48，0，6.05，4,,,,－0.5，－0.5，0.5，0.5，0.2，0.2，3,,18） TCP1	车端面槽
M999	掉头
G55	设置工件坐标系零点 设置最高主轴转速
；DAL80 T1 D1 F0.3 M4	换 T1 号刀具
G0 X82 Z0 M8 G1 X－1.6 G1 Z1 TCP1	车端面
；SAL3 T9 D1 G96 S120 F0.15 M4	换 T9 号刀具

续表

程　　序	说　　明
G0 X82.2 Z−84	
G1 X72.243 F0.15	
G0 X82.2	
G0 Z−85.968	
G1 X72	
G0 X82.2	
G0 Z−87.935	
G1 X72	
G0 X82.2	
G0 Z−89.61	
G1 X72	
G0 X82.2	
G0 Z−91.285	
G1 X74.108	
G0 Z−85.968	
G0 X72.2	
G1 X62	粗车外槽
G0 X72.2	
G0 Z−87.935	
G1 X62	
G0 X72.2	
G0 Z−89.51	
G1 Z−89.61	
G1 X66.217	
G0 Z−86.068	
G0 X62.2	
G1 Z−85.968	
G1 X58.325	
G0 X62.2	
G0 Z−87.935	
G1 X58.325	
G0 X82	
TCP1	
；DAL55 T3 D1 G96 S240 F0.2 M4	换 T3 号刀具

续表

程　　序	说　　明
G0 X82 Z1 M9 CYCLE95（"CONTOUR2"，2.5，0.2，0.4，， 0.3，0.1，0.1，9） TCP1	粗车外圆面
; SAL3 T9 D1 G96 S120 F0.15 M4	换 T9 号刀具
G0 X82.2 Z−84 G1 X71.599 F0.15 G1 X63.578 Z−85 G1 X58.125 G2 X57.925 Z−85.1 I0 K−0.1 G1 Z−86.551 G0 X82.2 G0 Z−93.177 G1 X82 G1 X58.047 Z−88.093 G3 X57.925 Z−88.001 I0.039 K0.092 G1 Z−86.551 G0 X82.2 TCP1	精车外槽
; DAL35 T5 D1 G96 S300 F0.1 M4	换 T5 号刀具
G0 X82 Z1 G42 CONTOUR2 G40 TCP1	精车外圆
; GAL＿2 T7 D1 G97 S636 M4	换 T7 号刀具

续表

程　　序	说　　明
G0 X50 Z－24 M9 CYCLE97 （ 2,,　－24,　－47.5,　48,　48,,, 1.227,, 60,, 4, 1, 1) TCP2	车外螺纹
M30	程序结束

子程序

％ _ N _ CONTOUR1 _ SPF ; SUB　: SINUMERIK 810D/840D ; FN　　: CONTOUR G18 G0 X30.018 Z1 M8 G1 Z－35 G1 X18 Z－45.408 M17	％ _ N _ CONTOUR2 _ SPF ; SUB　: SINUMERIK 810D/840D ; FN　　: CONTOUR G18 G0 X16.014 Z1 M8 G1 X20.014 Z－1 G1 Z－8.04 G1 X36 G3 X39.064 Z－11.326 I0 K－2 G1 X26 ANG＝220 RND＝0.5 G1 Z－26.02 RND＝0.5 G1 X39.963 G1 Z－30 G1 X48 CHR＝0.5 G1 Z－44 G1 X45.268 Z－46.366 G2 X45 Z－46.866 I0.866 K－0.5 G1 Z－48 G2 X47 Z－49 I1 K0 G1 X53.99 G1 Z－59.02 G1 X62 G3 X71.95 Z－75.565 I－25.025 K－16.545 G1 Z－82 M17

项目九 多数控系统编程对比

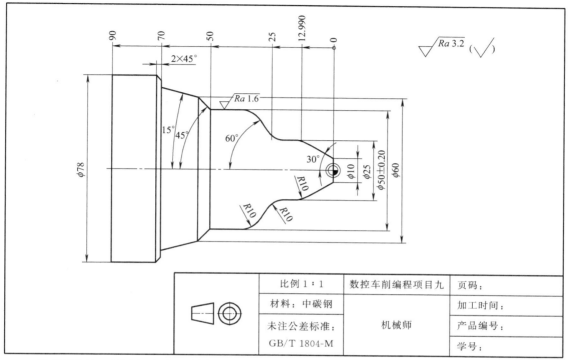

	比例 1 : 1	数控车削编程项目九	页码：
	材料：中碳钢		加工时间：
	未注公差标准：	机械师	产品编号：
	GB/T 1804-M		学号：

学习目的：通过对比，了解 PAL、SINUMERK 840D、FANUC 0i、HASS、GSK 988T、HNT 21T 数控系统程序的异同。

1. 数控车削加工工艺

材料:中碳钢	毛坯:φ80×92		程序号：		
刀具表					
刀具号	T1	T3	T5	T7	T9
刀尖圆角半径/mm	0.8	0.8	0.4		
切削速度/(m/min)	200	240	300		
最大吃刀量 a_p/mm	2.5	2.5	1.5		
刀具材料	P10	P10	P10		
每转进给量/(mm/r)	0.1～0.3	0.1～0.3	0.1～0.2		
示意图		55°	35°		

续表

工 艺 卡

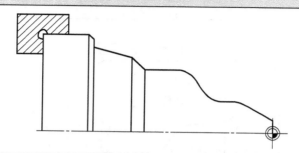

序号	内　　　　容	刀具	备　　　注
1	检查毛坯尺寸		
2	装夹毛坯		
3	设置工件坐标系零点		
4	车端面,轴向长度 90mm	T1	
5	粗车轮廓	T3	留余量:Z 向 0.1;X 向 0.5
6	精车轮廓	T5	
7	检测		
8	拆卸工件		

2. PAL 数控程序

程　　　　序	说　　　明	工序示意图
N1 G54 N2 G92 S3000	设置工件坐标系零点 设置最高主轴转速	
N3 T1 G95 F0.3 G96 S200 M4	设置进给速度、切削速度、换 T1 号刀具、主轴反转	
N4 G0 X82 Z0 M8 N5 G1 X−1.6 N6 Z1 N7 G14 H0 M9	车端面	
N8 T3 G95 F0.3 G96 S240 M4	换 T3 号刀具	

续表

程　序	说　明	工序示意图
N9 G0 X82 Z1 N10 G81 D2.5 AX0.4 AZ0.2 N11 G0 X10 N12 G1 Z0 M8 N13 X25 AS150 RN10 N14 Z—25 RN10 N15 X50 AS120 RN10 N16 Z—50 N17 X60 AS135 N18 Z—70 AS165 N19 X74 N20 X82 AS135 N21 G80 N22 G14 H0 M9	粗车外圆面	
N23 T5 G95 F0.1 G96 S300 M4	换 T5 号刀具	
N24 G42 N25 G0 X10 Z2 M8 N26 G23 N12 N20 N27 G40 N28 G14 H0 M9	精车外圆	
N29 M30	程序结束	

3. SINUMERK 840D 数控程序

程　序	说　明
%_N_FIRST_MPF ;TURRET：CA—16 G54 LIMS=3000	设置工件坐标系零点 设置最高主轴转速
;DAL80 T1 D1 G96 S200 F0.3 M4	设置进给速度、切削速度、换 T1 号刀具、主轴反转
G0 X82 Z0 M8 G1 X—1.6 G1 Z1 TCP1	车端面

续表

程　　序	说　　明
;DAL55 T3 D1 G96 S240 M4	换 T3 号刀具
G0 X82 Z1 M9 CYCLE95（"CONTOUR1"，2.5，0.2，0.4，，0.3， 0.1，，1） TCP1	粗车外圆面
;DAL35 T5 D1 G96 S300 F0.1 M4	换 T5 号刀具
G42 CONTOUR1 G40 TCP1	精车外圆
M30	程序结束
%_N_CONTOUR1_SPF ;SUB　：SINUMERIK 810D/840D ;FN　　：CONTOUR G18 G0 X10 Z2 M8 G1 Z0 M8 G1 X25 ANG＝150 RND＝10 G1 Z－25 RND＝10 G1 X50 ANG＝120 RND＝10 G1 Z－50 G1 X60 ANG＝135 G1 Z－70 ANG＝165 G1 X74 G1 X82 ANG＝135 M17	精车外圆子程序
%_N_TCP1_SPF ;SUB ：SINUMERIK 810D/840D C ;FN ：GOTO TCP G18 DIAMON G40 G90 M9 G97 T0 D0 S300 G0 X250 Z200 M17	回参考点子程序

4. FANUC 0i 数控程序

程 序	说 明
％ O01 （FANUC 0i－TB） （TURRET：CA－16） G54 G50 S3000	程序头符号 程序名 设置工件坐标系零点 设置最高主轴转速
（DAL80） G96 S200 T0101 M4	设置进给速度、切削速度、换 T1 号刀具、主轴反转
G0 X82.0 Z0.0 M8 G1 X－1.6 F0.3 Z1.0 G28 U0. W0. M9	车端面
（DAL55） G96 S240 T0303 M4	换 T3 号刀具
G0 X82.0 Z1.0 M9 G71 U2. R1. G71 P20 Q30 U0.4 W0.2 F0.3 N20 G0 X10. G1 Z0.0 F0.1 M8 X22.321 Z－10.67 G3 X25.0 Z－15.67 I－8.66 K－5.0 G1 Z－19.226 G2 X35.0 Z－27.887 I10.0 K0.0 G1 X40.0 Z－29.33 G3 X50.0 Z－37.99 I－5.0 K－8.66 G1 Z－50.0 X60.0 Z－55.0 X68.038 Z－70.0 X74.0 N30 X82.0 Z－74.0 G28 U0. W0. M9	粗车外圆面
（DAL35） G96 S300 T0505 M4	换 T5 号刀具

续表

程　　　序	说　　　明
G42 G0 X10.0 Z2.0 M8 G70 P20 Q30 G40 G28 U0. W0. M9	精车外圆
M30 %	程序结束

5. HASS 数控程序

程　　　序	说　　　明
% O00011 （HASS） （TURRET：CA−16） G54 G50 S3000	程序头符号 程序名 设置工件坐标系零点 设置最高主轴转速
G96 S200 T101 M4	设置进给速度、切削速度、换 T1 号刀具、主轴反转
G0 X82. Z0. M8 G1 X−1.6 F0.3 Z1. G28 U0. W0. M9	车端面
G96 S240 T303 M4	换 T3 号刀具
G0 X82. Z1. G71 P10 Q20 D2.5 U0.4 W0.2 F0.3 N10 G0 X10. G1 Z0. F0.1 M8 X22.321 Z−10.67 G3 X25. Z−15.67 I−8.66 K−5. G1 Z−19.226 G2 X35. Z−27.887 I10. K0. G1 X40. Z−29.33 G3 X50. Z−37.99 I−5. K−8.66 G1 Z−50. X60. Z−55. X68.038 Z−70. X74. N20 X82. Z−74. G28 U0. W0. M9	粗车外圆面

续表

程　　序	说　　明
G96 S300 T505 M4	换 T5 号刀具
G0 G42 X82. Z1. M8 G70 P10 Q20 G40 G28 U0. W0. M9	精车外圆
M30 %	程序结束

6. HNC 21T 数控程序

程　　序	说　　明
% O01 （HNC 21T） （TURRET：CA—16） G50 S4500	程序头符号 程序名 设置工件坐标系零点 设置最高主轴转速
（DAL80） G96 S200 T0101 M4	设置进给速度、切削速度、换 T1 号刀具、主轴反转
G0 X82.0 Z0.0 M8 G1 X—1.6 F0.3 Z1.0 G28 U0. W0. M9	车端面
（DAL55） G96 S240 T0303 M4	换 T3 号刀具
G0 X82.0 Z1.0 M9 G71 P20 Q30 U2. R1. X0.4 Z0.2 F0.3 G28 U0. W0. M9	粗车外圆面
（DAL35） G96 S300 T0505 M4	换 T5 号刀具
G42 G0 X82.0 Z2.0 M8 N20 G0 X10. G1 Z0.0 F0.1 M8 X25. Z—12.990 R10. G1 Z—25. R10. G1 X50.0 Z—32.217 R10. G1 Z—50.0 X60.0 Z—55.0 X68.038 Z—70.0 X74.0 N30 X82.0 Z—74.0 G40 G28 U0. W0. M9	精车外圆
M30 %	程序结束

7. GSK 988T

程　序	说　明
% O01 (HNC 21T) (TURRET:CA—16) G50 S4500	程序头符号 程序名 设置工件坐标系零点 设置最高主轴转速
(DAL80) G96 S200 T0101 M4	设置进给速度、切削速度、换 T1 号刀具、主轴反转
G0 X82.0 Z0.0 M8 G1 X—1.6 F0.3 Z1.0 G28 U0.W0.M9	车端面
(DAL55) G96 S240 T0303 M4	换 T3 号刀具
G0 X82.0 Z1.0 M9 G71 U2.R1. G71 P20 Q30 U0.4 W0.2 F0.3 N20 G0 X10. G1 Z0.0 F0.1 M8 X22.321 Z—10.67 G3 X25.0 Z—15.67 I—8.66 K—5.0 G1 Z—19.226 G2 X35.0 Z—27.887 I10.0 K0.0 G1 X40.0 Z—29.33 G3 X50.0 Z—37.99 I—5.0 K—8.66 G1 Z—50.0 X60.0 Z—55.0 X68.038 Z—70.0 X74.0 N30 X82.0 Z—74.0 G28 U0.W0.M9	粗车外圆面
(DAL35) G96 S300 T0505 M4	换 T5 号刀具
G42 G0 X82.0 Z2.0 M8 G70 P20 Q30 G40 G28 U0.W0.M9	精车外圆
M30 %	程序结束

数控车削编程练习任务

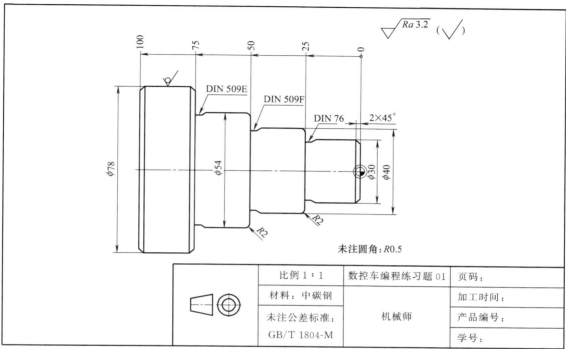

比例 1∶1	数控车编程练习题 01	页码：
材料：中碳钢		加工时间：
未注公差标准：	机械师	产品编号：
GB/T 1804-M		学号：

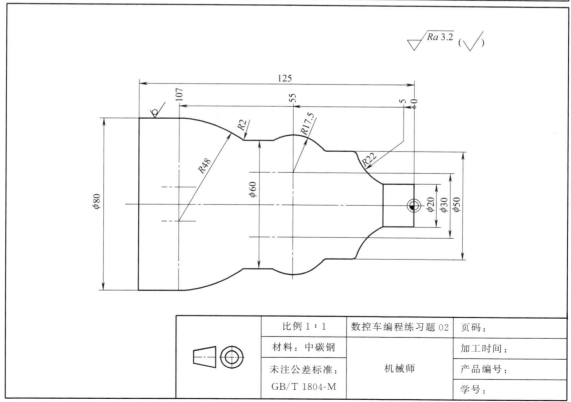

比例 1∶1	数控车编程练习题 02	页码：
材料：中碳钢		加工时间：
未注公差标准：	机械师	产品编号：
GB/T 1804-M		学号：

$\sqrt{\dfrac{Ra\ 3.2}{}}\ (\sqrt{\ })$

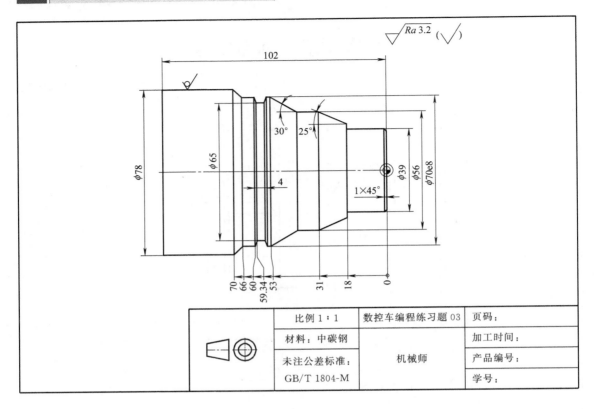

比例 1∶1	数控车编程练习题 03	页码：
材料：中碳钢		加工时间：
未注公差标准： GB/T 1804-M	机械师	产品编号：
		学号：

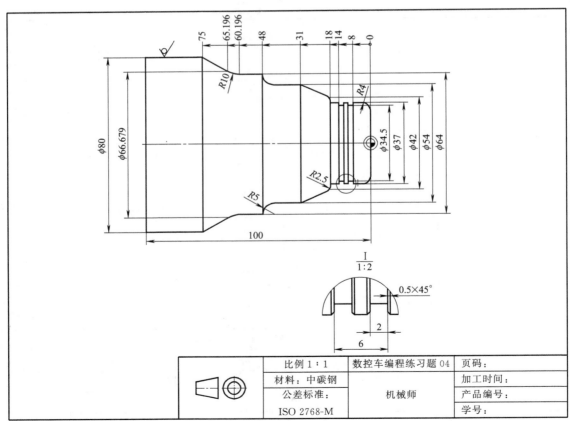

比例 1∶1	数控车编程练习题 04	页码：
材料：中碳钢		加工时间：
公差标准： ISO 2768-M	机械师	产品编号：
		学号：

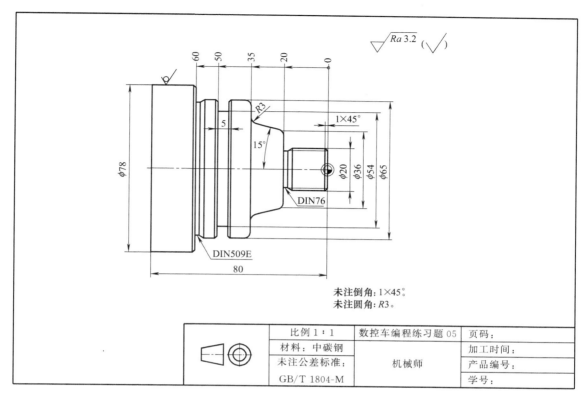

未注倒角：1×45°。
未注圆角：R3。

比例 1：1	数控车编程练习题 05	页码：
材料：中碳钢		加工时间：
未注公差标准：	机械师	产品编号：
GB/T 1804-M		学号：

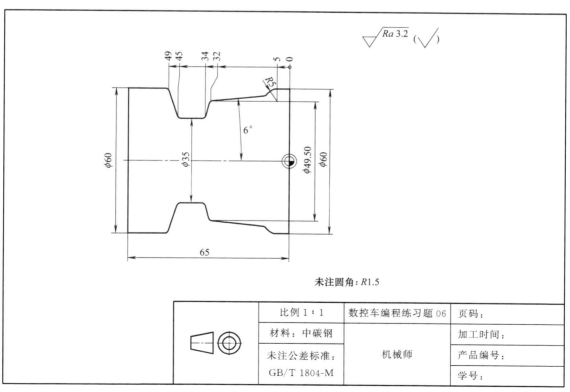

未注圆角：R1.5

比例 1：1	数控车编程练习题 06	页码：
材料：中碳钢		加工时间：
未注公差标准：	机械师	产品编号：
GB/T 1804-M		学号：

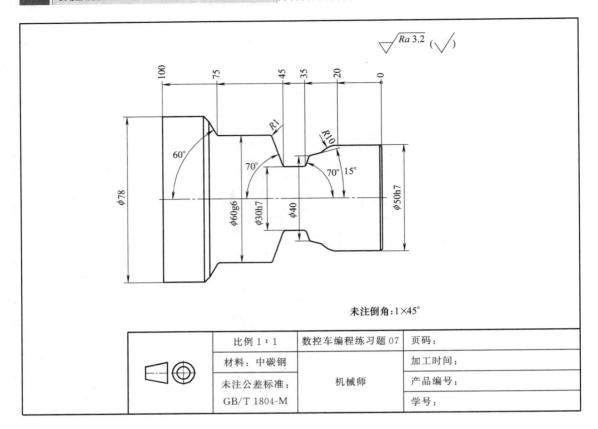

$\sqrt{Ra\,3.2}$ ($\sqrt{}$)

未注倒角：1×45°

比例 1：1	数控车编程练习题 07	页码：
材料：中碳钢	机械师	加工时间：
未注公差标准：GB/T 1804-M		产品编号：
		学号：

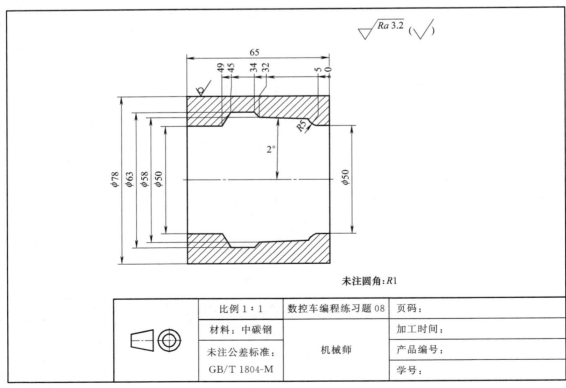

$\sqrt{Ra\,3.2}$ ($\sqrt{}$)

未注圆角：R1

比例 1：1	数控车编程练习题 08	页码：
材料：中碳钢	机械师	加工时间：
未注公差标准：GB/T 1804-M		产品编号：
		学号：

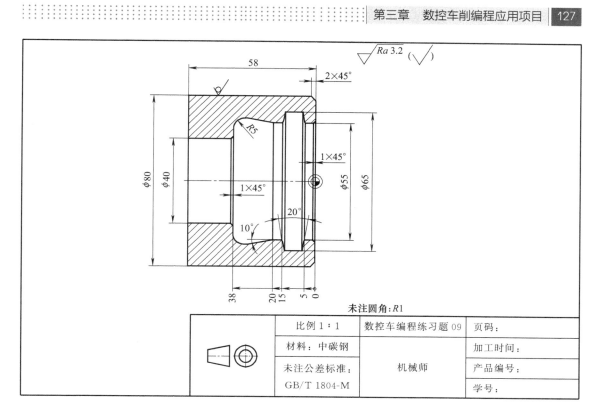

$\sqrt{Ra\,3.2}\ (\sqrt{\ })$

未注圆角：R1

比例 1：1	数控车编程练习题 09	页码：
材料：中碳钢		加工时间：
未注公差标准：	机械师	产品编号：
GB/T 1804-M		学号：

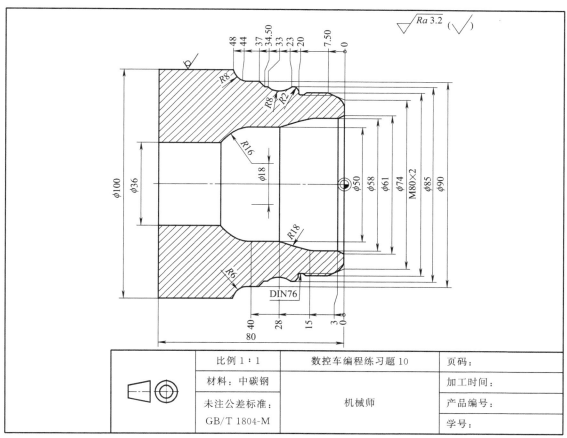

$\sqrt{Ra\,3.2}\ (\sqrt{\ })$

比例 1：1	数控车编程练习题 10	页码：
材料：中碳钢		加工时间：
未注公差标准：	机械师	产品编号：
GB/T 1804-M		学号：

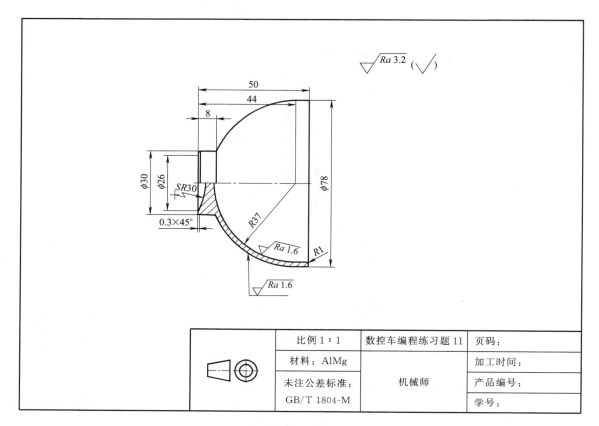

$\sqrt{Ra\,3.2}\ (\sqrt{\ })$

比例 1∶1	数控车编程练习题 11	页码：
材料：AlMg		加工时间：
	机械师	产品编号：
未注公差标准：GB/T 1804-M		学号：

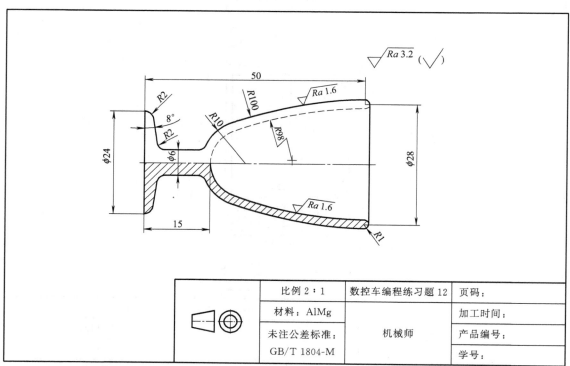

$\sqrt{Ra\,3.2}\ (\sqrt{\ })$

比例 2∶1	数控车编程练习题 12	页码：
材料：AlMg		加工时间：
	机械师	产品编号：
未注公差标准：GB/T 1804-M		学号：

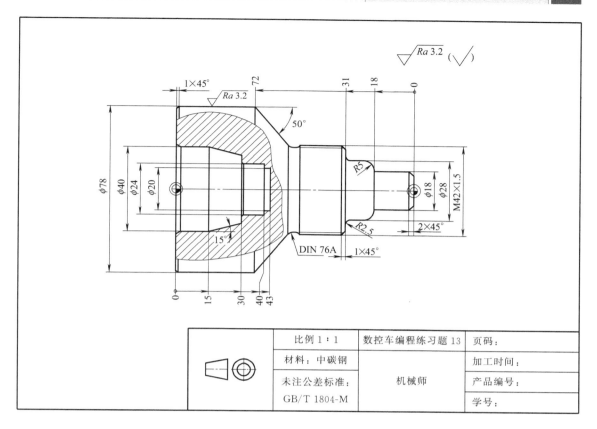

比例 1:1	数控车编程练习题 13	页码:
材料：中碳钢		加工时间:
	机械师	产品编号:
未注公差标准：GB/T 1804-M		学号:

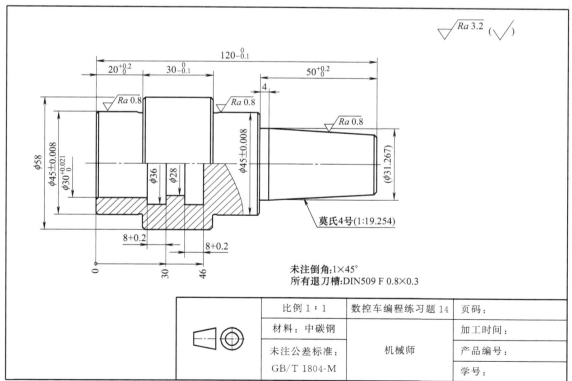

未注倒角:1×45°
所有退刀槽:DIN509 F 0.8×0.3

比例 1:1	数控车编程练习题 14	页码:
材料：中碳钢		加工时间:
	机械师	产品编号:
未注公差标准：GB/T 1804-M		学号:

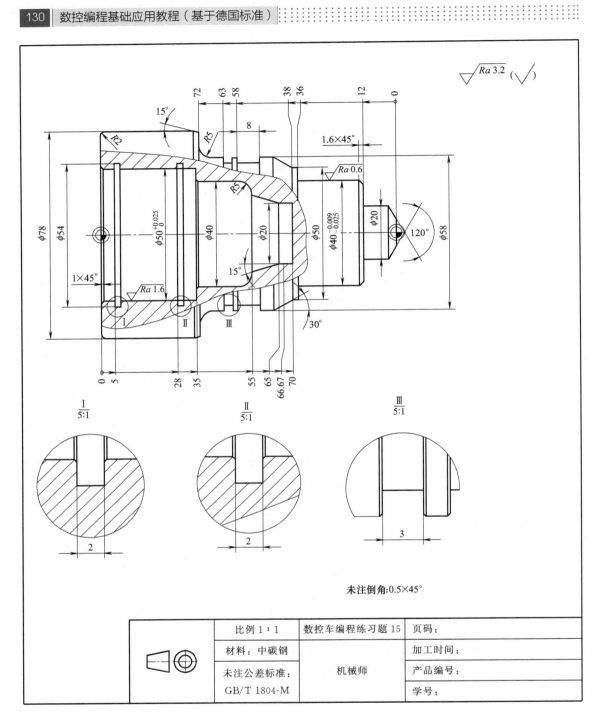

未注倒角:0.5×45°

	比例 1：1	数控车编程练习题 15	页码：
	材料：中碳钢		加工时间：
	未注公差标准：	机械师	产品编号：
	GB/T 1804-M		学号：

第四章

数控铣编程基础

本章结合第一章所学的数控铣编程指令，确定或计算轮廓上点的坐标，编写数控程序。

第一节　数控铣削基本指令

项目1　简单轮廓

（1）简图

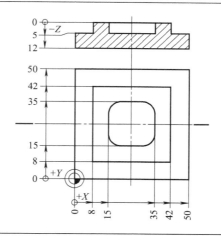

（2）技术数据

刀具	材料	d （刀具直径）	Z （刀具齿数）	v_c（切削速度） /（m/min）	a_p（最大切削深度） /mm	f_z（每转每齿进给量）/（mm/r）
T2	HSS	6	4	100	10	0.08
T4	HSS	12	4	100	20	0.08
T5	HSS	20	4	100	30	0.08

刀具转速 S、进给速度 F 由下式计算（S、F 分别对应下式的 n、f_z）

$$v_c = \pi n d$$

$$v_f = f_z z n$$

（3）数控程序

N1 G54

N2 G0 X150 Y150 Z150

N3 F849 S2652 T5 M3

N4 G0 X3 Y－12

N5 G0 Z－5

N6 G1 X2 Y0

N7 G1 Y48

N8 G1 X48

N9 G1 Y2

N10 G1 X－8

N11 G0 Z2

N12 G0 X21 Y21

N13 G1 Z－5

N14 G1 X29

N15 G1 Y29

N16 G1 X21

N17 G1 Y21

N18 G1 Z2

N19 G0 Z150

N20 G0 X150 Y150

N21 M30

项目2　简单计算

（1）简图

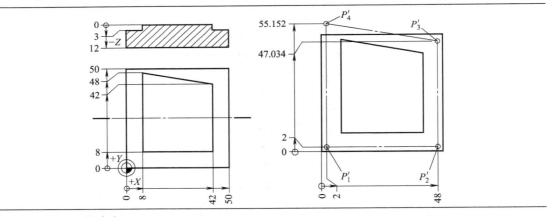

（2）刀具：刀具半径 6mm

（3）计算

使用解三角形的方法计算加工轮廓上各点的坐标

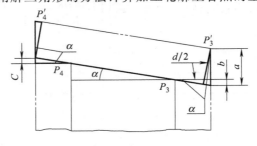

续表

$$\alpha = \arctan \frac{P_{4Y}-P_{3Y}}{P_{4X}-P_{3X}} = \arctan \frac{48-42}{42-8} = \arctan \frac{6}{34} = 10.008°$$

$$P'_{3X} = P_{3X} + \frac{d}{2} = 42\text{mm} + \frac{12\text{mm}}{2} = 48\text{mm}$$

$$P'_{3Y} = P_{3Y} - b + a = P_{3Y} - \frac{d}{2}\tan\alpha + \frac{d}{2\cos\alpha}$$

$$= 42\text{mm} - \frac{12\text{mm}}{2}\tan 10.008° + \frac{12\text{mm}}{2\cos 10.008°} = 47.034\text{mm}$$

$$P'_{4X} = P_{4X} - \frac{d}{2} = 8\text{mm} - \frac{12\text{mm}}{2} = 2\text{mm}$$

$$P'_{4Y} = P_{4Y} + c + e = P_{4Y} + \frac{d}{2}\tan\alpha + \frac{d}{2\cos\alpha}$$

$$= 48\text{mm} + \frac{12\text{mm}}{2}\tan 10.008° + \frac{12\text{mm}}{2\cos 10.008°} = 55.152\text{mm}$$

（4）点的坐标

	X	Y	Z
P'_0（起始点）	−8	−3	−3
P'_1	2	2	−3
P'_2	48	2	−3
P'_3	48	47.034	−3
P'_4	2	55.152	−3
P'_5	2	−8	−3

刀具直径在直角的拐角处无残留的计算：用于判断刀具直径是否足够大

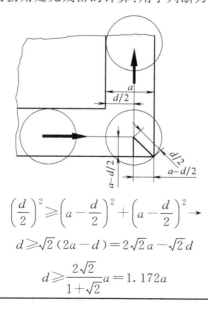

$$\left(\frac{d}{2}\right)^2 \geqslant \left(a - \frac{d}{2}\right)^2 + \left(a - \frac{d}{2}\right)^2 \rightarrow$$

$$d \geqslant \sqrt{2}(2a - d) = 2\sqrt{2}a - \sqrt{2}d$$

$$d \geqslant \frac{2\sqrt{2}}{1+\sqrt{2}}a = 1.172a$$

续表

（5）数控程序

N1 G54

N2 G0 X150 Y150 Z150

N3 F849 S2652 T5 M3

N4 G0 X－8 Y－3

N5 G0 Z－3

N6 G1 X0 Y2

N7 G1 X48

N8 G1 Y47.034

N9 G1 X2 Y55.152

N10 G1 Y－8

N11 G0 Z150

N12 G0 X150 Y150

N13 M30

第二节 数控铣削编程指令应用实例

项目3 使用刀具半径补偿编程

（1）简图

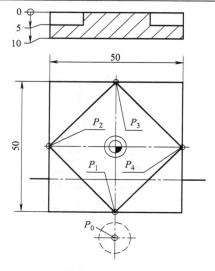

计算所需刀具直径：

$$a \leqslant \frac{25\text{mm}}{\sqrt{2}} = 17.7\text{mm} < \phi20\text{mm}$$

续表

（2）技术数据

刀具	材料	d/mm	Z	$v_{\mathrm{c}}/(\mathrm{m/min})$	$a_{\mathrm{p}}/\mathrm{mm}$	$f_{\mathrm{z}}/(\mathrm{mm}/\mathrm{min})$
T5	HSS	20	4	100	30	0.1

（3）数控程序

N1 G54

N2 G0 X150 Y150 Z150

N3 F637 S1592 T5 M3

N4 G0 X0 Y－40

N5 G0 Z－5

N6 G41 G1 X0 Y－25

N7 G1 X－25 Y0

N8 G1 X0 Y25

N9 G1 X25 Y0

N10 G1 X－2 Y－27

N11 G40

N12 G0 X0 Y－40

N13 G0 Z150

N14 M30

项目 4　使用 RN 指令编程

（1）简图

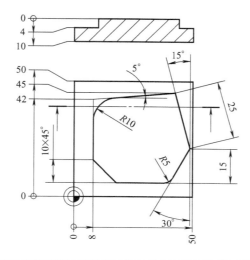

（2）技术数据

刀具	材料	d/mm	Z	$v_{\mathrm{c}}/(\mathrm{m/min})$	$a_{\mathrm{p}}/\mathrm{mm}$	$f_{\mathrm{z}}/(\mathrm{mm/r})$
T4	HSS	12	4	100	20	0.08

（3）数控程序

N1 G54

N2 G0 X200 Y200 Z200

N3 F849 S2652 T4 M3

N4 G0 X2 Y－10

N5 G0 Z－4

N6 G41 G1 X8 Y0

N7 G1 Y42 RN10

N8 G1 Y45 AS5

N9 G1 AS285 D25

N10 G1 YI－15 AS240 RN5

N11 G1 X8 RN－10

N12 G1 Y60

N13 G40

N14 G0 Z200

N15 G0 X200 Y200

N16 M30

项目 5　使用圆弧指令 R 编程

（1）顺时针锐圆弧（I、J）　　（2）逆时针钝圆弧（I、J）

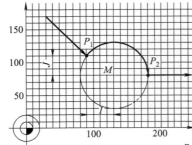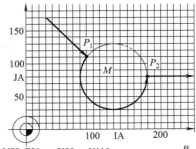

N80 G01.... X90.. Y110... .... ;P_1
N90 G02.... X180. Y80.... I40..... J－30...;P_2

N80 G01.... X90.. Y110... ....;P_1
N90 G03.... XI90. YI－30.. IA130 JA80 ;P_2

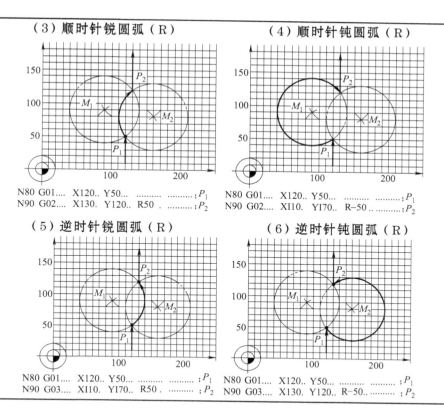

（3）顺时针锐圆弧（R）

N80 G01.... X120.. Y50... .... ; P₁
N90 G02.... X130. Y120. R50 . ...; P₂

（4）顺时针钝圆弧（R）

N80 G01.... X120.. Y50... ....; P₁
N90 G02.... XI10. YI70.. R−50 . ...; P₂

（5）逆时针锐圆弧（R）

N80 G01.... X120.. Y50... .... ; P₁
N90 G03.... XI10. YI70.. R50 . ...; P₂

（6）逆时针钝圆弧（R）

N80 G01.... X120.. Y50... .... ; P₁
N90 G03.... X130. Y120.. R−50.. ....; P₂

项目 6 使用数学计算求点的坐标

（1）简图

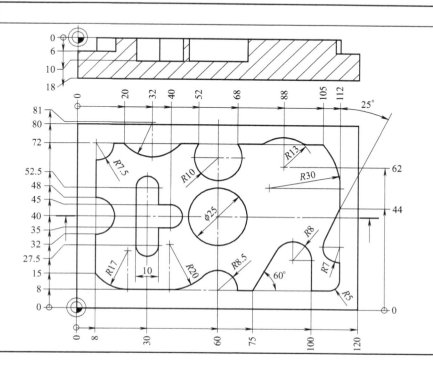

续表

（2）技术数据

刀具	材料	d/mm	Z	$v_c/(\text{m/min})$	a_p/mm	$f_z/(\text{mm/r})$
T4	HSS	12	4	75	10	0.08

（3）计算

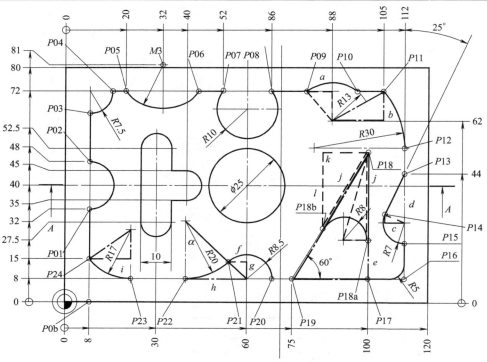

$$P09_X = 88 - a = 88 - \sqrt{R13^2 - (72-62)^2} = 79.693$$

$$P10_X = 88 + a = 88 + \sqrt{R13^2 - (72-62)^2} = 96.307$$

$$P12_Y = 72 - b = 72 - \sqrt{R30^2 - [R30 - (112-105)]^2} = 52.739$$

$$P14_X = 112 - c = 112 - R7\cos25° = 112 - 6.344 = 105.656$$

$$P15_Y = 44 - d - R7 = 44 - \frac{R7}{\sin25°} - R7 = 20.437$$

$$P18_Y = 8 + e = 8 + (100-75)\tan60° = 8 + 43.301 = 51.301$$

$$\alpha = \arccos\frac{R20}{R20 + R8.5} = 45.432°$$

$$P21_X = 60 - f = 60 - R8.5\sin\alpha = 60 - 6.056 = 53.944$$

$$P21_Y = 8 + g = 8 + R8.5\cos\alpha = 8 + 5.965 = 13.965$$

$$P22_X = 60 - h = 60 - R20\sin\alpha = 60 - 20.304 = 39.696$$

$$P23_X = 8 + i = 8 + \sqrt{R17^2 - [R17 - (15-8)]^2} = 8 + 17.748 = 21.748$$

续表

$$P18a_Y = P18_Y - j = 51.301 - \frac{R8}{\tan 15°} = 51.301 - 29.856 = 21.445$$

$$P18b_X = P18_X - k = 100 - j\sin 30° = 100 - 29.8564\sin 30° = 100 - 14.928 = 85.072$$

$$P18b_Y = P18_Y - l = 51.301 - j\cos 30° = 51.301 - 29.8564\cos 30° = 51.301 - 25.856 = 25.445$$

（4）点的坐标

点	X	Y	Z	点	X	Y	Z
$P0a$	8	0	-6	$P14$	105.656		-6
$P1$	8	32	-6	$P15$	112	20.437	-6
$P2$	8	48	-6	$P16$	112	8	-6
$P3$	8	64.5	-6	$P17$	100	8	-6
$P4$	15.5	72	-6	$P18a$	100	21.445	-6
$P5$	20	72	-6	$P18$	100	51.301	-6
$P6$	44	72	-6	$P18b$	85.072	25.445	-6
$P7$	52	72	-6	$P19$	75	8	-6
$P8$	68	72	-6	$P20$	68.5	8	-6
$P9$	79.693	72	-6	$P21$	53.944	13.965	-6
$P10$	96.307	72	-6	$P21a$	51.5	8	-6
$P11$	105	72	-6	$P22$	39.696	8	-6
$P12$	112	52.739	-6	$P23$	21.748	8	-6
$P13$	112	44	-6	$P24$	8	15	-6

（5）数控程序

```
N1 G54                          N19 G1 Y44
N2 F637 S1592 T5 M3             N20 G1 XI-6.344 AS245
N3 G0 X200 Y200 Z200           N21 G3 X112 Y20.436 R7
N4 G0 X2 Y-10                   N22 G1 Y8 RN5
N5 G0 Z-6                       N23 G1 X100
N6 G41 G1 X8 Y0                 N24 G1 YI43.301 RN8
N7 G1 Y32                       N25 G1 Y8 AS240
N8 G3 Y48 I0 J8                 N26 G1 X68.5
N9 G1 Y64.5                     N27 G3 X53.944 Y13.965 R8.5
N10 G3 X15.5 Y72 R10           N28 G2 X39.696 Y8 R20
```

续表

N11 G1 X20	N29 G1 X21. 748
N12 G3 X44 IA32 JA81	N30 G2 X8 Y15 R17
N13 G1 X52	N31 G1 X−10
N14 G3 X68 R−10	N32 G0 Z2
N15 G1 X79. 693	N33 G40
N16 G2 X96. 307 R13	N34 G0 Z200
N17 G1 X105	N35 G0 X200 Y200
N18 G2 X112 Y52. 739 R30	N36 M30

项目 7　使用循环编程

（1）简图

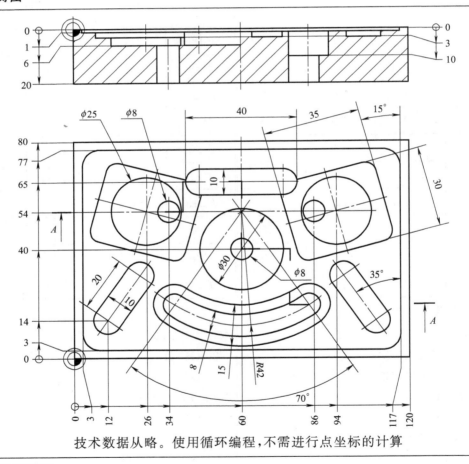

技术数据从略。使用循环编程，不需进行点坐标的计算

（2）数控程序

N1 G54	N23 F　S　T　M13
N2 G0 X200 Y200 Z200	N24 G81 ZA−21 V2

续表

N3 F S T M13	N25 G79 X34 Y54
N4 G0 X60 Y40	N26 G79 X86 Y54
N5 G0 Z2	N27 F S T M13
N6 G72 LP114 BP74 ZA−1 D6 V2	N28 G73 ZA−3 R15 RZ4 D8 V2
N7 G79 X60 Y40	N29 G79 X60 Y40 Z0
N8 G0 X200 Y200 Z200	N30 G0 Z200
N9 F S T M13	N31 F S T M13
N10 G0 X25 Y54	N32 G75 BP15 RP42 ZA−10 AN235 AP305~
N11 G0 Z2	D5 V2 EP0
N12 G72 LP35 BP30 ZA−3 D6 V2	N33 G79 X60 Y54 Z0
N13 G79 X26 Y54 AR165	N34 G0 X200 Y200 Z200 F S T M3
N14 G79 X94 Y54 AR15	N35 G0 X60 Y54
N15 G74 LP40 BP10 ZA−6 D6 V2	N36 G0 Z2
N16 G79 X45 Y65 AR0	N37 G75 BP8 RP42 ZA−21 AN235 AP305~
N17 G74 LP30 BP10 ZA−3 D6 V2	D4 V2 W2 EP0
N18 G79 X12 Y14 AR55	N38 F S T M13
N19 G79 X108 Y14 AR125	N39 G79 X60 Y54 Z−8
N20 G73 ZA−6 R12.5 D8 V2	N40 G0 Z200
N21 G79 X26 Y54	N41 G0 X200 Y200
N22 G79 X94 Y54	N42 M30

项目8 使用粗加工余量编程

（1）简图

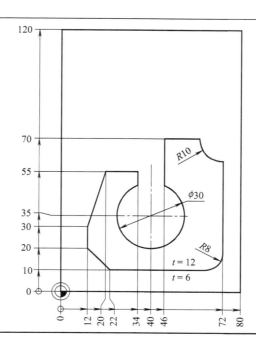

（2）数控程序

N1 G54

N2 G0 X200 Y200 Z200

N3 F467 S1592 T TR1 M3

N4 G0 X－2 Y117

N5 G0 Z2

N6 G1 Z－6

N7 G1 XI82

N8 G1 YI－8

N9 G1 XI－82

N10 G1 YI－8

N11 G1 XI82

N12 G1 YI－8

N13 G1 XI－82

N14 G1 YI－8

N15 G1 XI82

N16 G1 YI－8

N17 G1 XI－82

N18 G1 YI－8

N19 G1 X40

N20 G41

N21 G1 X34 Y55

N22 G1 Y48.748

N23 G3 X46 Y48.748 R－15

N24 G1 Y70

N25 G1 X62

N26 G3 X72 Y60 R10

N27 G1 Y10 RN8

N28 G1 X12 RN－10

N29 G1 Y30

N30 G1 X20 Y55

N31 G1 X40

N32 G40 TR0

N33 G1 Y35

N34 G1 Z2

N35 G0 X86 Y70

N36 G0 Z－6

N37 G1 X75

N38 G1 X86

N39 G0 Y4.5

N40 G1 X72

N41 G1 Y－6

N42 G0 X17

N43 G1 Y4

N44 G1 X－1

N45 G1 X4 Y8

N46 G1 Y64

N47 G1 X10

N48 G1 Y60

N49 G41

N50 G1 X22 Y55 F1400 S4775

N51 G1 X34 Y55

N52 G1 Y48.748

N53 G3 X46 Y48.748 R－15

N54 G1 Y70

N55 G1 X62

N56 G3 X72 Y60 R10

N57 G1 Y10 RN8

N58 G1 X12 RN－10

N59 G1 Y30

N60 G1 X20 Y55

N61 G1 X40

N62 G40

N63 G0 Z200

N64 G0 X200 Y200

N65 M30

项目 9 使用极坐标编程

（1）简图

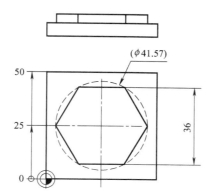

（2）数控程序

N1 G54 $t=-4$	N10 G11 IA25 JA25 RP20.785 AP60 RN1
N2 G0 X200 Y200 Z200	N11 G11 IA25 JA25 RP20.785 AP0 RN1
N3 F382 S955 T M3	N12 G11 IA25 JA25 RP20.785 AP300 RN1
N4 G0 X70 Y0	N13 G1 XI−5
N5 G0 Z−4	N14 G1 Z2
N6 G41 G1 X50 Y7	N15 G40
N7 G11 IA25 JA25 RP20.785 AP240 RN1	N16 G0 Z200
N8 G11 IA25 JA25 RP20.785 AP180 RN1	N17 G0 X200 Y200
N9 G11 IA25 JA25 RP20.785 AP120 RN1	N18 M30

数控铣削编程基础作业题

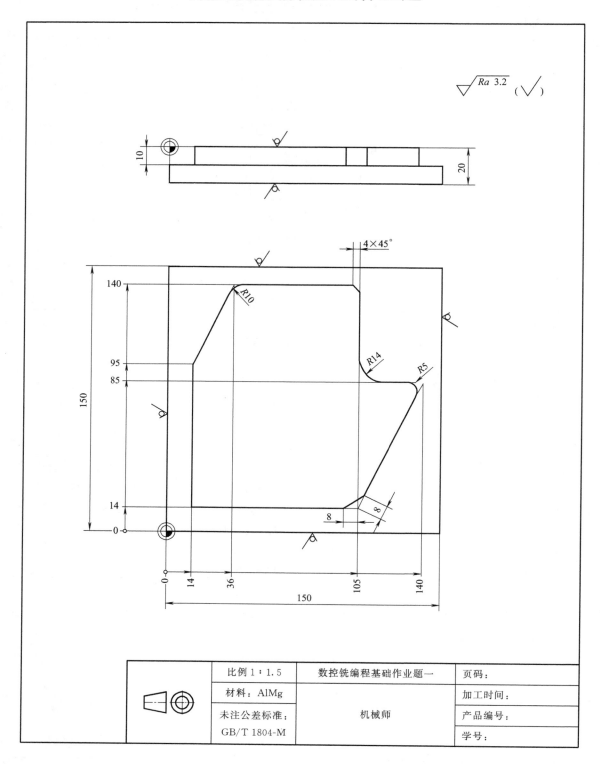

比例 1 : 1.5	数控铣编程基础作业题一	页码：
材料：AlMg		加工时间：
未注公差标准：	机械师	产品编号：
GB/T 1804-M		学号：

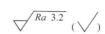

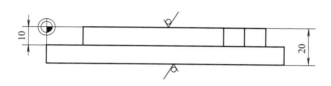

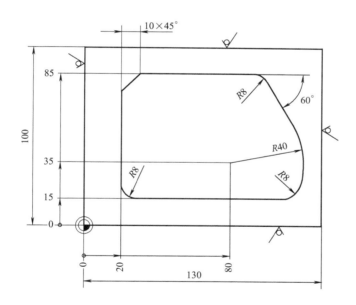

比例：1∶1.5	数控铣编程基础作业题二	页码：
材料：AlMg		加工时间：
未注公差标准：GB/T 1804-M	机械师	产品编号：
		学号：

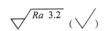

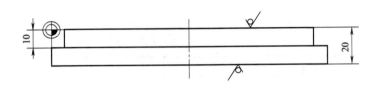

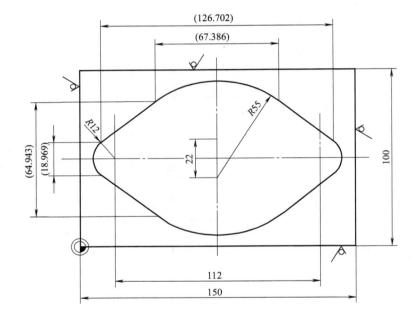

比例：1∶1.5	数控铣编程基础作业题三	页码：
材料：AlMg		加工时间：
未注公差标准：GB/T 1804-M	机械师	产品编号：
		学号：

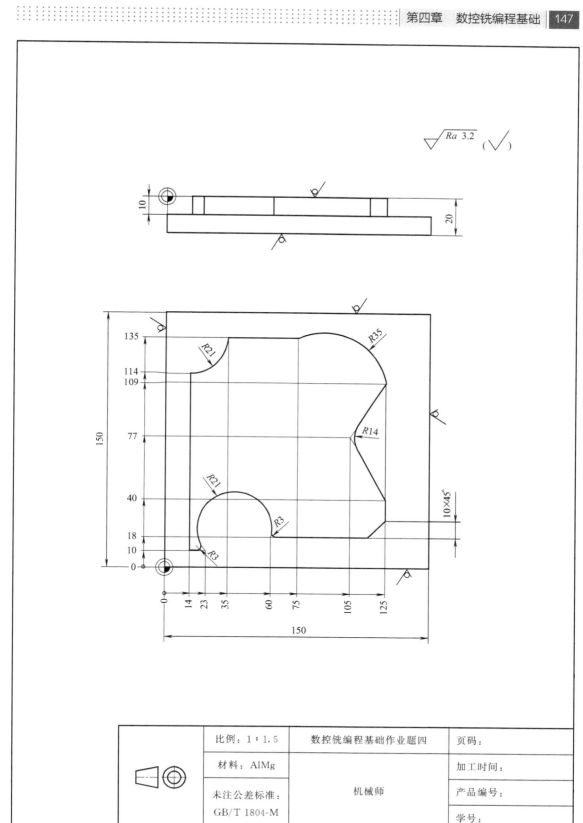

比例：1：1.5	数控铣编程基础作业题四	页码：
材料：AlMg		加工时间：
未注公差标准：GB/T 1804-M	机械师	产品编号：
		学号：

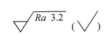

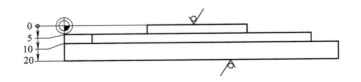

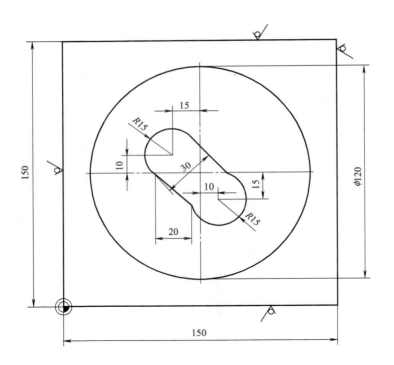

比例：1：1.5	数控铣编程基础作业题五	页码：
材料：AlMg		加工时间：
	机械师	产品编号：
未注公差标准：GB/T 1804-M		学号：

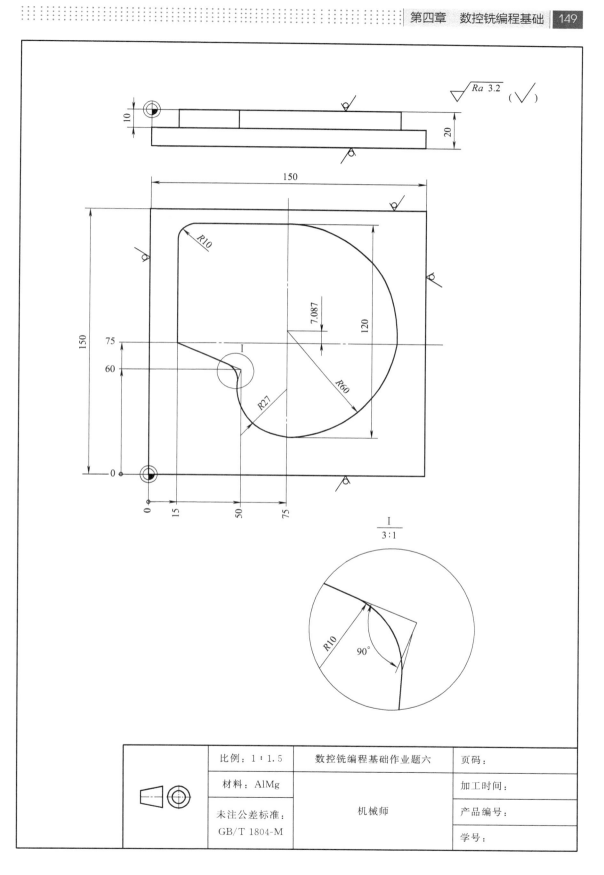

比例：1：1.5	数控铣编程基础作业题六	页码：
材料：AlMg		加工时间：
未注公差标准：GB/T 1804-M	机械师	产品编号：
		学号：

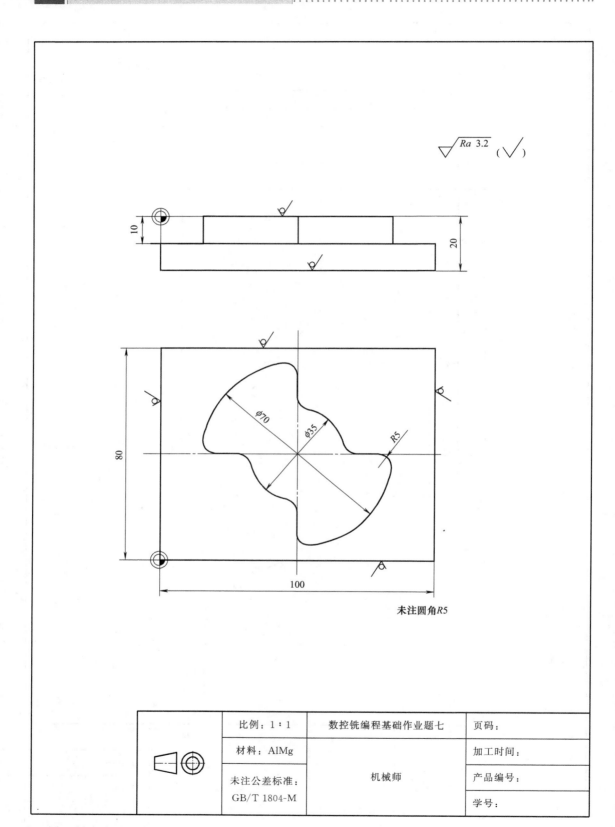

未注圆角*R5*

比例：1∶1	数控铣编程基础作业题七	页码：
材料：AlMg		加工时间：
未注公差标准：GB/T 1804-M	机械师	产品编号：
		学号：

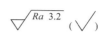

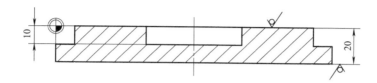

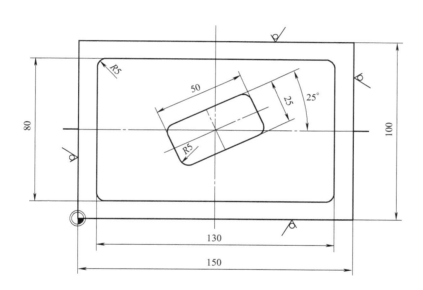

比例：1：1.5	数控铣编程基础作业题八	页码：
材料：AlMg		加工时间：
未注公差标准：GB/T 1804-M	机械师	产品编号：
		学号：

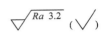

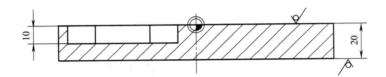

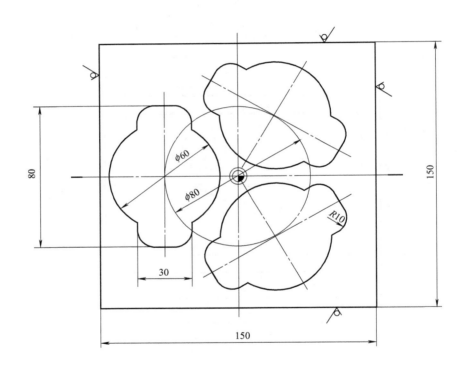

比例：1∶1.5	数控铣编程基础作业题九	页码：
材料：AlMg		加工时间：
未注公差标准：GB/T 1804-M	机械师	产品编号：
		学号：

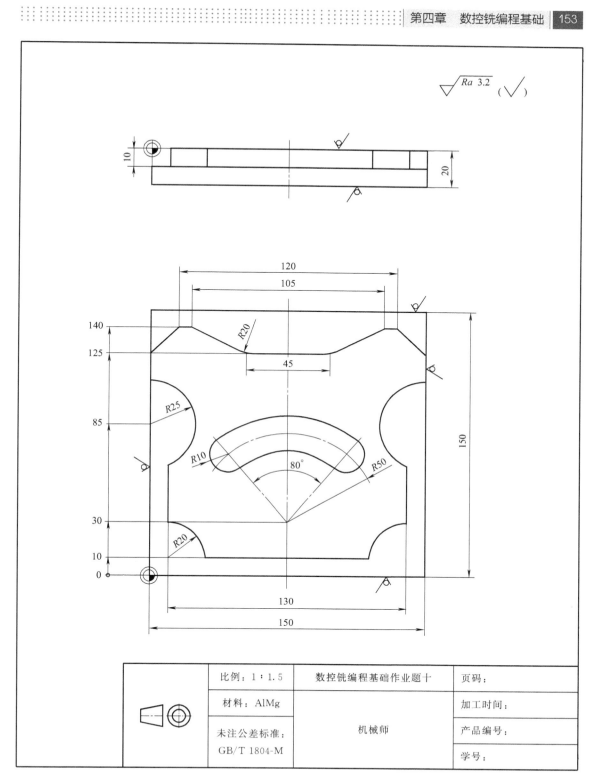

比例：1∶1.5	数控铣编程基础作业题十	页码：
材料：AlMg		加工时间：
未注公差标准：GB/T 1804-M	机械师	产品编号：
		学号：

第五章

数控铣削编程应用项目

　　本章的四个项目之间具有互补性，通过项目练习基本能够掌握 PAL 数控铣编程的所有指令及常用加工工艺。项目一包括 PAL 及 SINUMERIK 840D 、HEIDENHAIN iTNC530、FANUC 0i 数控系统的数控程序，其他项目有 PAL、SINUMERIK 840D 两种格式的数控程序，通过对比，全面掌握数控铣编程。另外，本书中所有项目采用的切削参数参考德国最先进的数控加工刀具及机床，在实际生产或实训中，请参考所使用的刀具及加工机床给定切削参数。

　　注：本项目所采用的 4 刃立铣刀为其中两刃带中间横刃的新型立铣刀，可在材料中间直接下刀。加工工艺由所选用的刀具、机床等因素决定，程序所采用的加工工艺仅仅是一个选项，可根据具体情况修改。本项目的目的在于讲述应用德国数控标准编程的方法。

　　项目零件形状图示如下：

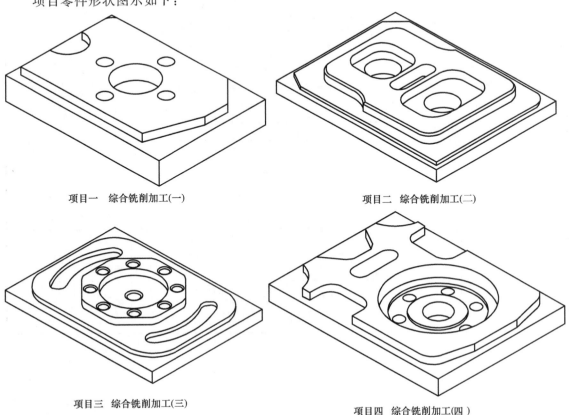

项目一　综合铣削加工(一)

项目二　综合铣削加工(二)

项目三　综合铣削加工(三)

项目四　综合铣削加工(四)

项目一　综合铣削加工（一）

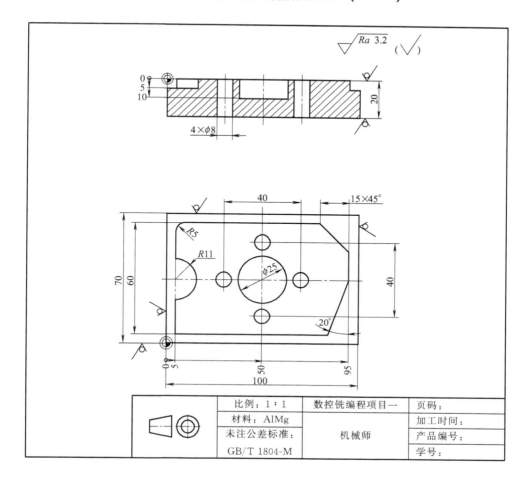

比例：1：1	数控铣编程项目一		页码：
材料：AlMg		机械师	加工时间：
未注公差标准：			产品编号：
GB/T 1804-M			学号：

　　学习目的：铣削加工数控程序结构；外轮廓加工编程；外轮廓倒角编程；圆槽循环程序的编制及调用；刀具半径补偿；了解 PAL、SINUMERIK 840D、HEIDENHAIN iT-NC530、FANUC 0i 编程的区别。

　　学习重点：基本指令 G0、G1、G2、G3；高度余量 TL；轮廓余量 TR；刀补指令 G40、G41；部分程序重复指令 G23、直线导入导出指令 G45、G46；倒角指令 RN；循环指令 G73、G82；循环调用指令 G79。

一、加工工艺

材料：AlMg		毛坯：100×70×16		程序号：1%	
刀具表					
刀具号	T3	T8	T10	T12	
名称	ϕ20 粗加工立铣刀	ϕ10 立铣刀	ϕ8 麻花钻	ϕ20 立铣刀	
主轴转速/(r/min)	1300	2000	1200	1500	

续表

材料：AIMg		毛坯：100×70×16		程序号：1%	
刀具表					
进给速度 /（mm/min）	480	480	200	480	
最大切削 深度/mm	10	20	25	20	
示意图	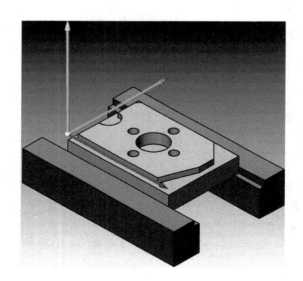				

序号	内容	刀具号	备注
1	检查毛坯尺寸		
2	装夹毛坯		
3	设置工件坐标系零点		

续表

序号	内容	刀具号	备注
4	粗加工深度为 5 的外轮廓	T3	留余量:外形 0.5
5	精加工深度为 5 的外轮廓	T12	
6	加工 φ25 深度为 10 的圆槽	T8	
7	钻 φ8 孔的中心孔		程序省略
8	钻 φ8 孔	T10	
9	测量		
10	拆卸工件		
11	去毛刺		

二、数控程序

1. PAL 编程

程序	说明	简图
N1 G54	设置工件坐标系零点	
N2 T3 F480 S1300 M13 TR0.5	换刀 T3	
N3 G0 X−5 Y−10 Z2 N4 G0 Z−5 N5 G41 G45 D15 X5 Y5 N6 G1 Y24 N7 G3 Y46 R11 N8 G1 Y65 RN5 N9 X95 RN−15 N10 Y35 N11 G1 Y5 AS−110 N12 G1 X5 N13 G46 G40 D15	粗加工深度为 5 的外轮廓	

续表

程序	说明	简图
N14 T8 F1000 S1500 M13	换刀 T12	
N15 G1 X—5 Y—10 N16 TC1 N17 G23 N3 N14 N18 G0 Z100 M9	精加工深度 为 5 的外轮廓	
N19 T8 S2000 M13	换刀 T8	
N20 G73 ZI—10 R12.5 D3.4 V2 O2 E100 F200 N21 G79 X50 Y35 Z0 N22 G0 Z100 M9	加工 ϕ25 深度 为 10 的圆槽	
N23 T10 F200 S1200 M13	换刀 T10	
N24 G82 ZA — 23 D8 V2 DR1 DM6 N25 G77 IA50 JA35 Z0 R20 AN0 AI90 O4 N26 G0 Z100 M9	钻 ϕ8 孔	
N27 M30	程序结束	

2. SINUMERIK 840D 编程

程　　序	说　　明
G54	设置工件坐标系零点
T3 M6 F480 S1300 M3	换刀 T3

续表

程　　序	说　　明
G0 X−5 Y−10 Z2 M8 G0 Z−5 OFFN＝0.5 START： G41 D3 G147 DISR＝15 X5 Y5 G1 Y24 G3 X5 Y46 CR＝11 G1 Y65 RND＝5 G1 X95 CHR＝15 G1 Y35 G1 Y5 ANG＝−110 G1 X5 G40 G148 DISR＝15 END：	粗加工深度为 5 的外轮廓
	换刀 T12,程序省略
OFFN＝0 REPEAT START END G0 Z100 M9	精加工深度为 5 的外轮廓
T8 M6 S2000 M13	换刀 T8
POCKET2(2,0,2,−10,,12.5,50,35,100,200,3.4,3,,1,,,200) G0 Z100 M9	加工 ϕ25 深度为 10 的圆槽
T10 M6 F200 S1200 M13	换刀 T10
MCALL CYCLE83(2,0,2,−23,,−8,,1,,,,0,,6) HOLES2(50,35,20,0,90,4) MCALL G0 Z100 M9	钻 ϕ8 孔
M30	程序结束

3. HEIDENHAIN iTNC530 编程

程　　序	说　　明
0 BEGIN PGM 1_HEIDENHAIN iTNC530 MM	程序头
1 BLK FORM 0.1　Z X0 Y0 Z−20 2 BLK FORM 0.2 X100 Y70 Z0	设置工件坐标系零点、毛坯

续表

程　　序	说　　明
3 TOOL CALL 3 Z S1300 DR0.5	换刀 T3
4 L X－5 Y－10 FMAX M13 5 L Z2 FMAX 6 L Z－5 FMAX 7 LBL 1 8 APPR LT X5 Y5 LEN15 RL 9 L Y24 10 CC X5 Y35 11 C X5 Y46 DR＋ 12 L Y65 13 RND R5 14 L X95 15 CHF 15 16 L Y35 17 L X84.081 Y5 18 L X5 19 DEP LT LEN15 20 L X－5 Y－10 21 LBL 0	粗加工深度为 5 的外轮廓
	换刀 T12,程序省略
22 TOOL CALL 3 Z DR0 23 CALL LBL 1 REP 1/1 24 L Z100 FMAX M9	精加工深度为 5 的外轮廓
25 TOOL CALL 8 Z S2000	换刀 T8
26 L X50 Y35 FMAX M13 27 CYCL DEF 252 CIRCULAR POCKET～Q215＝1 　;MACHINING OPERATION Q223＝25 　;CIRCLE DIAMETER Q368＝0 　;ALLOWANCE FOR SIDE Q207＝200 　;FEED RATE FOR MILLING Q351＝1 　;CLIMB OR UP－CUT Q201＝－10 　;DEPTH Q202＝3.4 　;PLUNGING DEPTH Q369＝0 　;ALLOWANCE FOR FLOOR Q206＝100 　;FEED RATE FOR PLUNGING Q338＝0 　;INFEED FINISHING Q200＝2	加工 ϕ25 深度为 10 的圆槽

续表

程　　序	说　　明
;SET－UP CLEARANCE Q203＝0 ;WORKP SURFACE COORD Q204＝2 ;2. SET－UP CLEARANCE Q370＝1.5 ;TOOL PATH OVERLAP Q366＝0 ;PLUNGING Q385＝200 ;FEED RATE FOR FINISHING 28 CYCL CALL 29 L Z100 FMAX M9	加工 $\phi25$ 深度为 10 的圆槽
30 TOOL CALL 10 Z S1200	换刀 T10
31 PATTERN DEF～ 　CIRC1（X50 Y35 D40 START0 NUM4 Z0） 32 CYCL DEF 203 UNIVERSAL DRILLING～Q200＝2 　;SET－UP CLEARANCE Q201＝－23 　;DEPTH Q206＝200 　;FEED RATE FOR PLUNGING Q202＝8 　;PLUNGING DEPTH Q210＝0 　;DWELL TIME AT TOP Q203＝0 　;WORKP SURFACE COORD Q204＝2 　;2. SET－UP CLEARANCE Q212＝1 　;DECREMENT Q213＝3 　;NO. OF BREAKS BEF. RETRACTING Q205＝6 　;MIN. PLUNGING DEPTH Q211＝0 　;DWELL TIME AT DEPTH Q208＝200 　;RETRACTION FEED RATE Q256＝1 　;RETRACTION ON CHIP BRKG 33 CYCL CALL PAT FMAX M13 34 L Z100 FMAX M9	钻 $\phi8$ 孔
35 M30	程序结束
36 END PGM 1_HEIDENHAIN iTNC530 MM	程序尾

4. FANUC 0i 编程

程　　序	说　　明
N1 G54	设置工件坐标系零点
N2 T03 M06 N3 S1300 M03	换刀 T3

续表

程　　　序	说　　　明
N4 G00 G90 X－5.0 Y－10.0 N5 G00 G43 H03 Z2.0 M08 N6 G00 Z－5.0 N7 G01 G41 D03 X5.0 Y5.0 F480 N8 G01 Y24.0 N9 G03 Y46.0 R11.0 N10 G01 Y65.0 ,R5.0 N11 G01 X95.0 ,C15.0 N12 G01 Y35.0 N13 G01 X84.081 Y5.0 N14 G01 X5.0 N15 G01 G40 X－10.0 Y－5.0 N16 G00 G90 Z100.0 M09	加工深度为5的外轮廓 在机床参数设置加工余量0.2
	换刀 T12,精加工。程序省略
N17 T08 M06 N18 S3200 M03	换刀 T8
N19 G00 G90 X50.0 Y35.0 N20 G00 G43 H07 Z2.0 M08 N21 G01 G90 Z－3.333 F100 N22 M98 P160 N23 G01 G90 Z－6.667 F100 N24 M98 P160 N25 G01 G90 Z－10.0 F100 N26 M98 P160 N27 G00 G90 Z100.0 M09	加工 ϕ25 深度为10的圆槽
N28 T10 M06 N29 S1200 M03	换刀 T10
N30 G00 G90 X30.0 Y35.0 N31 G00 G43 H10 Z2.0 M08 N32 G73 G99 Z－23.0 R2.0 Q5.0 F200 N33 X50.0 Y55.0 N34 X70.0 Y35.0 N35 X50.0 Y15.0 N36 G80 N37 G00 G90 Z100.0 M09	钻 ϕ8 孔
N38 M30	程序结束
O160 N1 G01 G91 Y－5.0 F200 N2 G02 I0.0 J5.0 N3 G01 Y－2.5	子程序

续表

程　　序	说　　明
N4 G02 I0.0 J7.5 N5 G01 Y7.5 N6 M99	子程序

项目二　综合铣削加工（二）

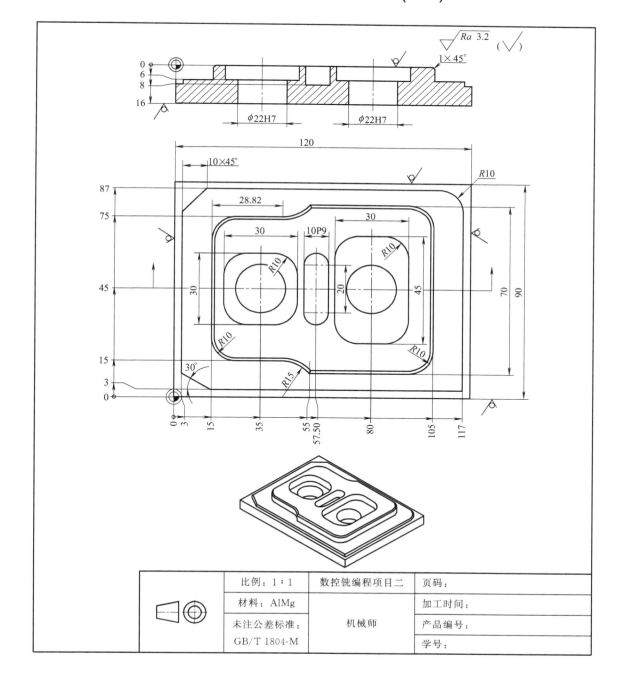

	比例：1∶1	数控铣编程项目二	页码：
	材料：AlMg		加工时间：
	未注公差标准： GB/T 1804-M	机械师	产品编号：
			学号：

学习目的：加工工艺的制订；铣削加工数控程序结构；主轴转速 S 的计算；外轮廓加工编程；外轮廓倒角编程；矩形槽、圆槽、长槽循环程序的编制及调用；刀具半径补偿。

学习重点：基本指令 G0、G1、G2、G3；高度余量 TL；轮廓余量 TR；刀补指令 G40、G41；圆弧导入导出指令 G47、G48；倒角指令 RN；循环指令 G72、G73；循环调用指令 G79。

一、加工工艺

材料：AlMg		毛坯：120×90×16		程序号：1%	
刀具表					
刀具号	T2	T5	T6	T7	
名称	φ12 倒角刀	φ25 粗加工立铣刀	φ25 立铣刀	φ20 粗加工立铣刀	
切削速度/（m/min）	100	100	120	100	
进给速度/（mm/min）	100	650	550	650	
最大切削深度/mm	—	20	20	15	
示意图					
刀具号	T9	T12			
名称	φ16 立铣刀	φ8 键槽铣刀			
切削速度/（m/min）	120	120			
进给速度/（mm/min）	700	500			
最大切削深度/mm	10	10			
示意图					

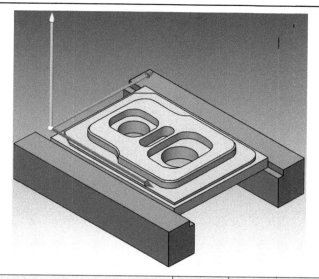

序号	内　　　容	刀具号	备　　　注
1	检查毛坯尺寸		
2	装夹毛坯		
3	设置工件坐标系零点		
4	粗加工深度为 6 的外轮廓	T5	留余量：深度 0.1；外形 0.5
5	粗加工深度为 8 的外轮廓	T5	留余量：深度 0.1；外形 0.5
6	粗加工 30×30 倒圆角 R10 深度为 6 的矩形槽	T7	留余量：深度 0.1；外形 0.5
7	粗加工左侧 ϕ22H7 孔	T7	留余量：深度 0.1；外形 0.5
8	粗加工 30×45 倒圆角 R10 深度为 6 的矩形槽	T7	留余量：深度 0.1；外形 0.5
9	粗加工右侧 ϕ22H7 孔	T7	留余量：深度 0.1；外形 0.5
10	精加工深度为 6 的外轮廓	T6	
11	精加工深度为 8 的外轮廓	T6	
12	精加工 30×30 倒圆角 R10 深度为 6 的矩形槽	T9	
13	精加工左侧 ϕ22H7 孔	T9	
14	精加工 30×45 倒圆角 R10 深度为 6 的矩形槽	T9	
15	精加工右侧 ϕ22H7 孔	T9	
16	加工宽 10P9 长 30 的槽	T12	
17	外轮廓顶部倒角	T2	
18	测量		
19	拆卸工件		
20	去毛刺		

二、数控程序

1. PAL 编程

程　　序	说　明	简　图
N1 G54	设置工件坐标系零点	
N2 TL0.1 F650 S1270 T5 TR0.5 M13	换刀 T5	
N3 G0 X－25 Y45 Z2 N4 G1 Z－6 N5 G41 G47 X15 Y45 R15 N6 G1 Y75 RN10 N7 X43.82 N8 G3 X55 Y80 R15 N9 G1 X105 RN10 N10 Y10 RN10 N11 X55 N12 G3 X43.82 Y15 R15 N13 G1 X15 RN10 N14 Y45 N15 G40 G48 R15	粗加工深度为6 的外轮廓	
N16 G1 Z－8 N17 G41 G47 R15 X3 Y45 N18 Y87 RN－10 N19 X117 RN10 N20 G1 Y3 N21 X15 N22 G1 X3 AS150 N23 Y45 N24 G48 G40 R15	粗加工深度为8 的外轮廓	
N25 F650 S1590 T7 M13	换刀 T7	

程　　序	说　　明	简　　图
N26 G72 ZA－6 LP30 BP30 D5 V2 RN10 AK0.5 AL0.1 E100 N27 G79 X35 Y45 Z0	粗加工 30 × 30 倒圆角 R10 深度为 6 的矩形槽	
N28　G73　ZA － 17　R11.005　D5　V2 AK0.5 E100 N29 G79 X35 Y45 Z－6	粗加工左侧 ϕ22H7 孔	
N30 G72 ZA－6 LP30 BP45 D5 V2 RN10 AK0.5 AL0.1 E100 N31 G79 X80 Y45 Z0	粗加工 30 × 45 倒圆角 R10 深度为 6 的矩形槽	
N32　G73　ZA － 17　R11.005　D2　V2 AK0.5 E100 N33 G79 X80 Y45 Z－6	粗加工右侧 ϕ22H7 孔	
N34 F550 S1520 T6 M13	换刀 T6	
N35 G23 N3 N24	精加工深度为 6、8 的外轮廓	

续表

程　序	说　明	简　图
N36 F700 S2380 T9 M13	换刀 T9	
N37 G72 ZA－6 LP30 BP30 D5 V2 RN10 H4 N38 G79 X35 Y45 Z0	精加工 30×30 倒圆角 R10 深度为 6 的矩形槽	
N39 G73 ZA－17 R11.005 D8 V2 H4 N40 G79 X35 Y45 Z－6	精加工左侧 ϕ22H7 孔	
N41 G72 ZA－6 LP30 BP45 D5 V2 RN10 H4 N42 G79 X80 Y45 Z0	精加工 30×45 倒圆角 R10 深度为 6 的矩形槽	
N43 G73 ZA－17 R11.005 D8 V2 H4 N44 G79 X80 Y45 Z－6	精加工右侧 ϕ22H7 孔	
N45 F720 S4770 T12 M13	换刀 T12	
N46 G74 ZA－8 LP30 BP9.967 D4 V2 AK0.5 AL0.1 H14 E80 N47 G79 X57.5 Y35 Z0 AR90	加工宽 10P9 长 30 的槽	

续表

程　　序	说　　明	简　　图
N48 F100 S3180 T2 TR3 M13	换刀 T2	
N49 G0 X—10 Y45 Z2 N50 G1 Z—4 N51 G23 N5 N15	加工外轮廓顶部倒角	
N52 M30	程序结束	

2. SINUMERIK 840D 编程

程　　序	说　　明
G54	设置工件坐标系零点
T5 M6 OFFN=0.5 S1270 F650 M8 M3	换刀 T5
G0 X—25 Y45 Z2 G1 Z—6 BEGIN： G1 G41 D5 X—12.5 Y17.5 D5 G3 X15 Y45 I0 J27.5 G1 Y75 RND=10 G1 X43.82 G3 X55 Y80 I0 J15 G1 X105 RND=10 G1 Y10 RND=10 G1 X55 G3 X43.82 Y15 I—11.18 J—10 G1 X15 RND=10 G1 Y45 G3 X—12.5 Y72.5 I—27.5 J0 G40 END_BEGIN：	粗加工深度为 6 的外轮廓
G1 Z—8 G1 G41 D5 X—24.5 Y17.5 G3 X3 Y45 I0 J27.5 G1 Y77 G1 X13 Y87	粗加工深度为 8 的外轮廓

续表

程　序	说　明
G1 X117 RND＝10 G1 Y3 G1 X15 G1 X3 ANG＝150 G1 Y45 G3 X−24.5 Y72.5 I−27.5 J0 G40 G0 Z90 M5 END：	粗加工深度为8的外轮廓
T7 M6 OFFN＝0 S1590 F650 M3	换刀T7
POCKET1(2,0,2,−6,,30,30,10,35,45,0,100,200,5,2,0.5,0)	粗加工30×30倒圆角R10深度为6的矩形槽
POCKET2(2,−6,2,−17,,11.005,35,45,100,200,5,2,0.5,0,100,100,2000)	粗加工左侧ϕ22H7孔
POCKET1(2,0,2,−6,,30,45,10,80,45,0,100,200,5,2,0.5,0)	粗加工30×45倒圆角R10深度为6的矩形槽
POCKET2(2,−6,2,−17,,11.005,80,45,100,200,5,2,0.5,0,100,100,2000)	粗加工右侧ϕ22H7孔
G0 Z90 M5 T6 M6 S1590 F650 M3	换刀T6
REPEAT START END	精加工深度为6、8的外轮廓
T9 M6 S1590 F650 M3	换刀T9
POCKET1(2,0,2,−6,,30,30,10,35,45,0,100,200,5,2,,2)	精加工30×30倒圆角R10深度为6的矩形槽
POCKET2(2,−6,2,−17,,11.005,35,45,100,200,5,2,,2,100,100,2000)	精加工左侧ϕ22H7孔
POCKET1(2,0,2,−6,,30,45,10,80,45,0,100,200,5,2,,2)	精加工30×45倒圆角R10深度为6的矩形槽
POCKET2(2,−6,2,−17,,11.005,80,45,100,200,5,2,,2,100,100,2000)	精加工右侧ϕ22H7孔
G0 Z90 M5 T12 M6 S1590 F650 M3	换刀T12
POCKET1(2,0,2,−8,,30,9.96,4.48,57.5,45,90,100,200,5,2,0.5,0)	加工宽10P9长30的槽
T2 M6 OFFN＝3 S1590 F650 M3	换刀T2

续表

程 序	说 明
G0 X−10 Y45 G0 Z2 G1 Z−4 REPEAT BEGIN END_BEGIN G0 Z90 M9	加工外轮廓顶部倒角
M30	程序结束

项目三　综合铣削加工（三）

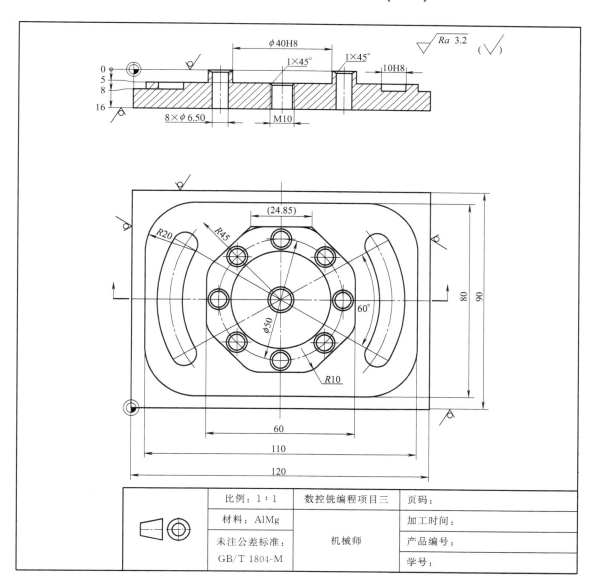

比例：1∶1	数控铣编程项目三	页码：
材料：AlMg		加工时间：
未注公差标准： GB/T 1804-M	机械师	产品编号：
		学号：

学习目的：加工工艺的制订；外轮廓加工编程；环形槽循环程序的编制及调用；攻螺纹；孔倒角。

学习重点：循环指令 G73、G75、G79、G81、G82；循环调用指令 G77、G79。

一、加工工艺

材料：AlMg	毛坯：120×90×16		程序号：2%
刀具			
刀具号	T1	T3	T4	T9
名称	$\phi12$ 中心孔钻	$\phi50$ 粗加工立铣刀	$\phi50$ 立铣刀	$\phi16$ 键槽铣刀
切削速度/(m/min)	100	35	50	120
进给速度/(mm/min)	100	130	90	200
最大切削深度/mm	20	10	10	8
示意图				
刀具号	T10	T12	T13	T14
名称	$\phi16$ 立铣刀	$\phi8$ 键槽铣刀	$\phi8.5$ 麻花钻	M10 丝锥
切削速度/(m/min)	120	30	30	5
进给速度/(mm/min)	470	570	110	—
最大切削深度/mm	—	8	—	—
示意图				
刀具号	T15			
名称	$\phi6.5$ 麻花钻			
切削速度/(m/min)	30			
进给速度/(mm/min)	95			
最大切削深度	—			
示意图				

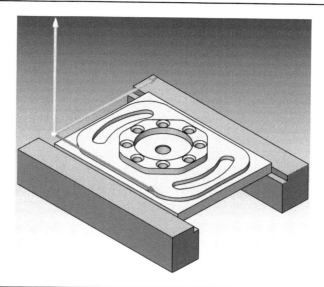

序号	内　　容	刀具号	备　　注
1	检查毛坯尺寸		
2	装夹毛坯		
3	设置工件坐标系零点		
4	粗加工深度为 8 的外轮廓	T3	留余量：深度 0.1；外形 0.5
5	粗加工深度为 5 的外轮廓	T3	留余量：深度 0.1；外形 0.5
6	精加工深度为 8 的外轮廓	T4	
7	精加工深度为 5 的外轮廓	T4	
8	粗加工 $\phi40H8$ 的圆槽	T9	留余量：深度 0.1；外形 0.5
9	精加工 $\phi40H8$ 的圆槽	T10	
10	加工两个深度为 8 的环形槽	T12	
11	钻所有的孔的中心孔形成倒角	T1	
12	钻 M10 底孔	T13	
13	攻 M10 螺纹	T14	
14	钻 $\phi6.5$ 孔	T15	
15	测量		
16	拆卸工件		
17	去毛刺		

二、数控程序

1. PAL 编程

程　　　序	说　　明	简　　图
N1 G54	设置工件坐标系零点	
N2 TL0.1 F130 S220 T3 TR0.5 M13	换刀 T3	
N3 G0 X−30 Y−30 Z2 N4 G1 Z−8 N5 G41 G47 R15 X5 Y45 N6 Y85 RN20 N7 X115 RN20 N8 Y5 RN20 N9 X5 RN20 N10 Y45 N11 G48 G40 R15	粗加工深度为8的外轮廓	
N12 Z−5 N13 G41 G47 R15 X30 Y45 N14 Y57.425 RN10 N15 X47.575 Y75 RN10 N16 X72.425 RN10 N17 X90 Y57.425 RN10 N18 Y32.575 RN10 N19 X72.425 Y15 RN10 N20 X47.575 RN10 N21 X30 Y32.575 RN10 N22 Y45 N23 G48 G40 R15	粗加工深度为5的外轮廓	
N24 F90 S220 T4 M13	换刀 T4	

续表

程 序	说 明	简 图
N25 G23 N3 N23	精加工深度为 8、5 的外轮廓	
N26 F760 S2380 T9 M13	换刀 T9	
N27 G73 ZA－5 R20 D4 V2 AK0.5 AL0.1 E100 N28 G79 X60 Y45 Z0	粗加工 ϕ40H8 的圆槽	
N29 F470 S2380 T10 M13	换刀 T10	
N30 G73 ZA－5 R20.01 D4 V2 H4 E100 N31 G79 X60 Y45 Z0	精加工 ϕ40H8 的圆槽	
N32 F570 S4770 T12 M13	换刀 T12	
N33 G75 ZA－8 BP10.011 RP45 AN150 AO60 D4 V4 AK0.5 AL0.1 H14 E80 N34 G79 X60 Y45 Z－4 N35 G75 ZA－8 BP10.011 RP45 AN－30 AO60 D4 V4 AK0.5 AL0.1 H14 E80 N36 G79 X60 Y45 Z－4	加工两个深度 为 8 的环形槽	
N37 F120 S790 T1 M13	换刀 T1	

程　　序	说　　明	简　　图
N38 G81 ZA－4.25 V2 N39　G77　IA60　JA45　Z0　R25　AN0 AI45 O8 N40 G81 ZA－10 V2 N41 G79 X60 Y45 Z－5	钻所有的孔的 中心孔形成倒角	
N42 F110 S1120 T13 M13	换刀 T13	
N43 G82 ZA－25 D3 V2 N44 G79 X60 Y45 Z－5	钻螺纹底孔	
N45 S310 T14 M8	换刀 T14	
N46 G84 ZA－20.5 V2 F1.5 M3 N47 G79 X60 Y45 Z－5	攻螺纹	
N48 F95 S970 T15 M13	换刀 T15	
N49 G82 ZA－20 D3 V2 N50　G77　IA60　JA45　Z0　R25　AN0 AI45 O8	钻孔	
N51 M30	程序结束	

2. SINUMERIK 840D 编程

程　　序	说　　明
G54	设置工件坐标系零点
T3 M6 OFFN＝0.5 S220 F130 M8 M3	换刀 T3
START： G0 X－30 Y－30 G0 Z2 G1 Z－8 G1 G41 D3 X－35 Y5 G3 X5 Y45 I0 J40 G1 Y85 RND＝20 G1 X115 RND＝20 G1 Y5 RND＝20 G1 X5 RND＝20 G1 Y45 G3 X－35 Y85 I－40 J0 G40	粗加工深度为 8 的外轮廓
G1 Z－5 G1 G41 D3 X－10 Y5 G3 X30 Y45 I0 J40 G1 Y57.425 RND＝10 G1 X47.575 Y75 RND＝10 G1 X72.425 RND＝10 X90 Y57.425 RND＝10 Y32.575 RND＝10 X72.425 Y15 RND＝10 X47.575 RND＝10 X30 Y32.575 RND＝10 Y45 G3 X－10 Y85 I－40 J0 G40 G0 Z80 M5 END：	粗加工深度为 5 的外轮廓
T4 M6 OFFN＝0 S220 F90 M3	换刀 T4
REPEAT START END	精加工深度为 8、5 的外轮廓
G0 Z80 M5 T9 M6 S2380 F760 M3	换刀 T9

续表

程　　序	说　　明
POCKET2(2,0,2,−5,,20,60,45,100,200,4,2,0.5,1,100,100,2000)	粗加工 φ40H8 的圆槽
G0 Z80 M5 T10 M6 S2380 F760 M3	换刀 T10
POCKET2(2,0,2,−5,,20.01,60,45,100,200,4,2,0,2,100,100,2000)	精加工 φ40H8 的圆槽
G0 Z80 M5 T12 M6 S4770 F570 M3	换刀 T12
SLOT2(0,−4,2,−8,,2,60,10.011,60,45,45,−30,180,100,2,2,2,0.5,12)	加工两个深度为 8 的环形槽
G0 Z80 M5 T1 M6 S790 F120 M3	换刀 T1
G0 Z2 MCALL CYCLE81(2,0,2,,4.25) HOLES2(60,45,25,0,45,8) MCALL MCALL CYCLE81(2,−5,2,,4.25) X60 Y45 MCALL	钻所有的孔的中心孔形成倒角
G0 Z80 M5 T13 M6 S1120 F110 M3	换刀 T13
MCALL CYCLE81(2,−5,2,−25) X60 Y45 MCALL	钻螺纹底孔
G0 Z80 M5 T14 M6 S310 M3	换刀 T14
MCALL CYCLE84(−3,−5,2,−15.4,,0,3,,1.5,0,310,310) G0 X60 Y45 MCALL	攻螺纹
G0 Z80 M5 T15 M6 S970 F95 M3	换刀 T15
MCALL CYCLE83(2,0,2,−20,,,3,0,0.1,,1,0,,1.625) HOLES2(60,45,25,0,45,8) MCALL G0 Z100 M9	钻孔
M30	程序结束

项目四　综合铣削加工（四）

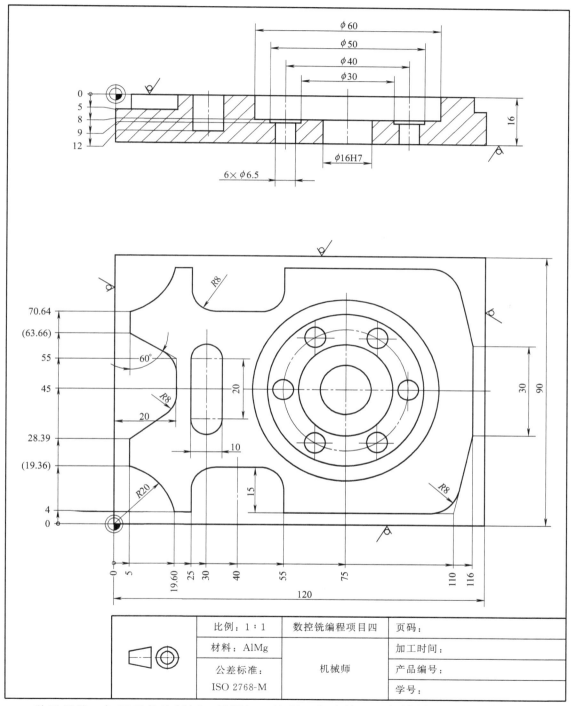

比例：1∶1	数控铣编程项目四	页码：
材料：AlMg		加工时间：
公差标准：	机械师	产品编号：
ISO 2768-M		学号：

学习目的：加工工艺的制订；局部加工编程；角度编程；长槽循环程序的编制及调用；铰孔。

学习重点：循环指令 G73、G74、G75、G79、G81、G85；循环调用指令 G77、G79。

一、加工工艺

材料：AIMg		毛坯：120×90×16		程序号：3%	
刀具					

刀具号	T1	T7	T8	T9
名称	φ10 中心孔钻	φ20 粗加工立铣刀	φ20 立铣刀	φ12 立铣刀
切削速度/（m/min）	30	35	35	120
进给速度/（mm/min）	120	220	150	1010
最大切削深度/mm	30	15	15	8
示意图				

刀具号	T10	T11	T12	T13
名称	φ12 立铣刀	φ10 键槽铣刀	φ8 键槽铣刀	φ15.75 麻花钻
切削速度/（m/min）	120	120	120	30
进给速度/（mm/min）	630	570	570	90
最大切削深度/mm	10	8	8	—
示意图				

刀具号	T14	T15
名称	φ16 铰刀	φ6.5 麻花钻
切削速度/（m/min）	15	30
进给速度/（mm/min）	85	90
最大切削深度/mm	20	—
示意图		

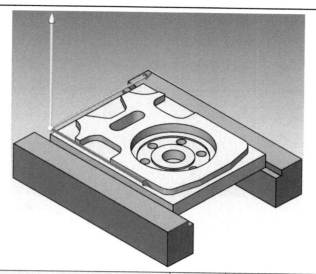

序号	内　　容	刀具号	备　　注
1	检查毛坯尺寸		
2	装夹毛坯		
3	设置工件坐标系零点		
4	深度为 5 的外轮廓局部粗加工	T7	留余量：深度 0.1；外形 0.5
5	粗加工深度为 5 的外轮廓	T9	留余量：深度 0.1；外形 0.5
6	加工 $\phi60$ 深度为 8 的圆槽	T9	
7	深度为 5 的外轮廓局部精加工	T8	
8	精加工深度为 5 的外轮廓	T10	
9	加工深度为 9 的环形槽	T11	
10	钻中心孔	T1	
11	钻 $\phi16$H7 的底孔	T15	
12	钻 $\phi6.5$ 的孔	T15	
13	二次钻 $\phi16$H7 的底孔	T13	
14	铰孔	T14	
15	加工深度为 12 的长槽	T12	
16	测量		
17	拆卸工件		
18	去毛刺		

二、数控程序

1. PAL 编程

程　　　序	说　　明	简　　图
N1 G54	设置工件坐标系零点	
N2 TL0. 1 F220 S550 T7 TR0. 5 M13	换刀 T7	
N3 G0 X40 Y－12 Z2 N4 G1 Z－5 N5 Y7 N6 G0 Y－12 N7 G0 Z2 N8 X－12 Y5 N9 Z－5 N10 G1 X7 N11 G0 X－12 N12 Z2 N13 X－12 Y46 N14 Z－5 N15 G1 X7 N16 G0 X－12 N17 Y85 N18 G1 X7 N19 G0 X－12 N20 Z2 N21 X40 Y102 N22 Z－5 N23 G1 Y83 N24 G0 Y102 N25 Z2	深度为 5 的外轮廓局部粗加工	
N26 TL0. 1 F1010 S3180 T9 TR0. 5 M13	换刀 T9	

续表

程　序	说　明	简　图
N27 G0 X10 Y－20 Z2 N28 Z－5 N29 G41 G1 X19.6 Y4 N30 G3 X5 IA0 JA0 N31 G1 Y28.39 N32 X20 AS30 RN8 N33 Y55 RN8 N34 X5 AS150 N35 Y70.64 N36 G3 Y86 IA0 JA90 N37 G1 X25 N38 Y71 RN8 N39 X55 RN8 N40 Y86 N41 X110 RN8 N42 X116 Y60 N43 Y30 N44 X110 Y4 RN8 N45 X55 N46 Y19 RN8 N47 X25 RN8 N48 Y4 N49 X18 N50 G40 G1 X－8 N51 G0 Z2	粗加工深度为5的外轮廓	
N52 G73 ZA－8 R30 D6 V2 E80 N53 G79 X75 Y45 Z0	加工 ϕ60 深度为8的圆槽	
N54 F150 S550 T8 M13	换刀 T8	

续表

程　　序	说　明	简　图
N55 G23 N3 N24 N56 G0 Z2	深度为 5 的外轮廓局部精加工	
N57 F630 S3180 T10 M13	换刀 T10	
N58 G23 N27 N50	精加工深度为 5 的外轮廓	
N59 T11 F570 S3810 M13	换刀 T11	
N60 G0 X95 Y45 Z2 N61 Z－7 N62 G1 Z－9 N63 G2 X95 Y45 I－20 J0	加工深度为 9 的环形槽	
N64 F120 S790 T1 M13	换刀 T1	
N65 G81 ZI－2.5 V2 N66 G79 X75 Y45 Z－8 N67 G77 IA75 JA45 Z－9 R20 AN0 AI60 O6	钻中心孔	

续表

程　　序	说　　明	简　　图
N68 F95 S1400 T15 M13	换刀 T15	
N69 G81 ZA−19 V2 N70 G79 X75 Y45 Z−8 N71 G77 IA75 JA45 Z−9 R20 AN0 AI60 O6	钻 $\phi16H7$ 的底孔 钻 $\phi6.5$ 的孔	
N72 F90 S600 T13 M13	换刀 T13	
N73 G81 ZA−21 V2 N74 G79 X75 Y45 Z−8	二次钻 $\phi16H7$ 的底孔	
N75 F85 S290 T14 M13	换刀 T14	
N76 G85 ZA−18 V2 E170 N77 G79 X75 Y45 Z−8	铰孔	
N78 T12 F570 S4770 M13	换刀 T12	
N79 G74 ZA−12 LP30 BP10 D6 V2 N80 G79 X30 Y35 Z0 AR90	加工深度为 12 的长槽	
N81 M30	程序结束	

2. SINUMERIK 840D 编程

程　序	说　明
G54	设置工件坐标系零点
T7 M6 OFFN＝0.5 S550 F220 M8 M3	换刀 T7
G0 X40 Y－12 Z90 G0 Z2 G1 Z－5 G1 Y7 G0 Y－12 G0 Z2 G0 X－12 Y5 G0 Z－5 G1 X7 G0 X－12 G0 Z2 G0 Y46 G0 Z－5 G1 X7 G0 X－12 G0 Y85 G1 X7 G0 X－12 G0 Z2 G0 X40 Y102 G0 Z－5 G1 Y83 G0 Y102 G0 Z2	深度为 5 的外轮廓局部粗加工
G0 Z90 M5 T9 M6 OFFN＝0.5 S3180 F1010 M3	换刀 T9
START： G0 X10 Y－20 G0 Z－5 G1 G41 D9 X19.6 Y4	粗加工深度为 5 的外轮廓

续表

程　序	说　明
G3 X5 Y19.369 I−19.6 J−4 G1 Y28.39 X20 ANG＝30 RND＝8 Y55 RND＝8 X5 ANG＝150 Y70.64 G3 X19.591 Y86 I−5 J19.36 G1 X25 G1 Y71 RND＝8 X55 RND＝8 Y86 X110 RND＝8 X116 Y60 Y30 X110 Y4 RND＝8 X55 Y19 RND＝8 X25 RND＝8 Y4 X18 G40 G1 X−8 G0 Z2 END：	粗加工深度为 5 的外轮廓
OFFN＝0 POCKET2(2,0,2,−8,,30,75,45,100,200,4,2,,0,100, 100,2000)	加工 $\phi60$ 深度为 8 的圆槽
G0 Z90 M5 T10 M6 S3180 F630 M3	换刀 T10
REPEAT START END	精加工深度为 5 的外轮廓
G0 Z90 M5 T11 M6 S3180 F570 M3	换刀 T11
G0 X95 Y45 Z2 Z−7 G1 Z−9 G2 X95 Y45 I−20 J0	加工深度为 9 的环形槽

续表

程　　　序	说　　　明
G0 Z90 M5 T1 M6 S790 F120 M3	换刀 T1
MCALL CYCLE81(2，−9，2，，2.5) HOLES2(75，45，20，0，60，6) MCALL MCALL CYCLE81(2，−8，2，，2.5) X75 Y45 Z2 MCALL	钻中心孔
G0 Z90 M5 T15 M6 S600 F90 M3	换刀 T15
MCALL CYCLE81(2，−9，2，−21) HOLES2(75，45，20，0，60，6) MCALL MCALL CYCLE81(2，−8，2，−21) X75 Y45 Z2 MCALL	钻 $\phi16H7$ 的底孔； 钻 $\phi6.5$ 的孔
G0 Z90 M5 T13 M6 S600 F90 M3	换刀 T13
MCALL CYCLE81(2，−8，2，−21) X75 Y45 Z2 MCALL	二次钻 $\phi16H7$ 的底孔
G0 Z90 M5 T14 M6 S290 F85 M3	换刀 T14
MCALL CYCLE85(−6，−8，2，，10，0，85，85) G0 X75 Y45 MCALL	铰孔
G0 Z90 M5 T12 M6 S290 F85 M3	换刀 T12
POCKET1(2，0，2，−9，，30，10，5，30，45，90，100，200，2， 2，0.5，0) G0 Z100 M9	加工深度为 12 的长槽
M30	程序结束

数控铣削编程练习任务

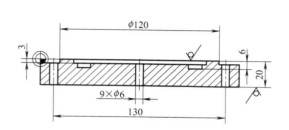

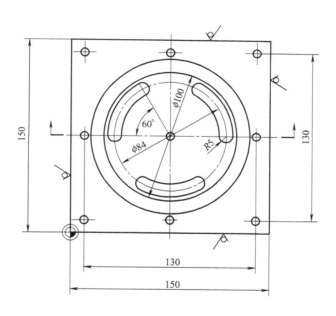

	比例：1 : 2	PAL 数控铣编 程作业题一	页码：
	材料：AlMg		加工时间：
	公差标准： ISO 2768-M	机械师	产品编号：
			学号：

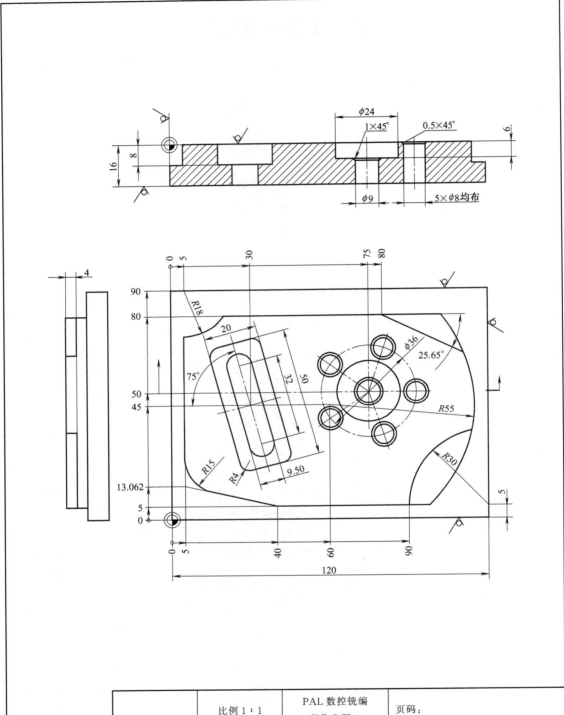

	PAL 数控铣编程作业题二	
比例 1：1		页码：
材料：AlMg		加工时间：
公差标准：ISO 2768-M	机械师	产品编号：
		学号：

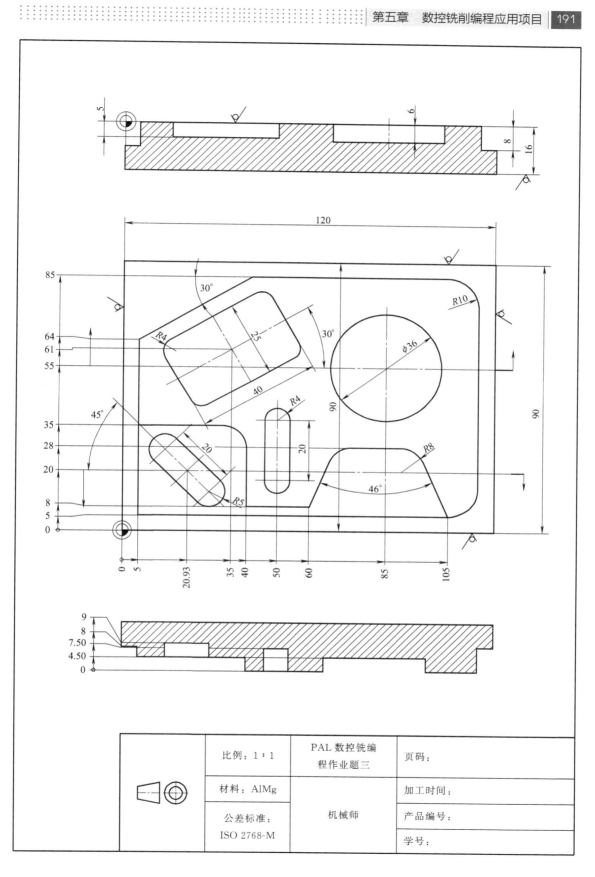

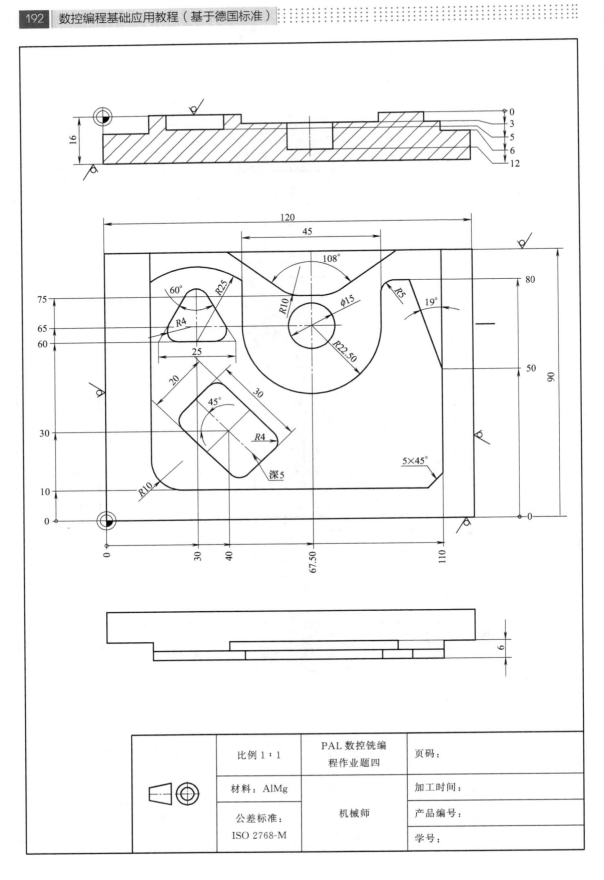

比例 1：1	PAL 数控铣编程作业题四	页码：
材料：AlMg		加工时间：
	机械师	产品编号：
公差标准：ISO 2768-M		学号：

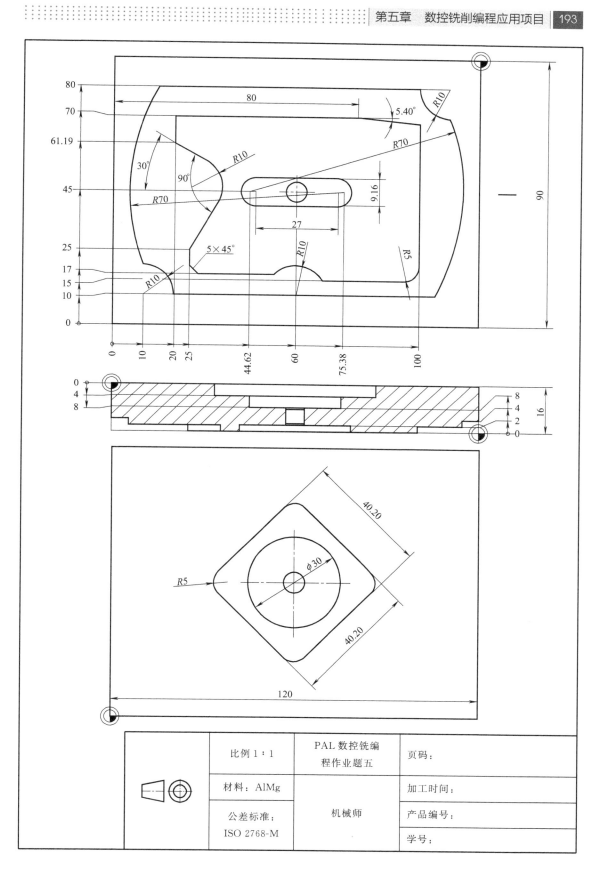

比例 1:1	PAL 数控铣编程作业题五	页码:
材料：AlMg		加工时间：
公差标准：ISO 2768-M	机械师	产品编号：
		学号：

参 考 文 献

[1] Automatisierungstechnik：NC-Technik Programmaufbau bei CNC-Maschinen nach PAL Prufungs-Aufgaben-Lehrmit-telentwicklungsstelle.

[2] SL-Automatisierungstechnik GmbH Sistema de programación SL Ejercicios Torneado Neutral.

[3] PAL-Programmiersystem Drehen：Kugel 2012.

[4] Gewerbeschule Lörrach：Aufgaben zur CNC-Programmierung Inhaltsverzeichnis.

[5] PAL-Programmiersystem 2012.

[6] MTS TopCAM 7.5 Demo.

[7] Automatisierungstechnik：7.7 NC-Technik.